從零開始

木工達人
禹尚延著

學木工

現在開始
動手做吧！

基礎到專業，最詳細的工具介紹＋環保家具DIY

超清楚！step by step木作家具全圖解
最實用！作品都是生活中用得到的物品
最省時！詳列出木工教室、購買工具相關資訊

朱雀文化

前言

　　現在真是個很方便的時代，不論想買什麼，只要滑鼠點一點，或是一通電話，隨時隨地都可以買得到。但同時也有很多的副作用、文明病，或是環境破壞等大大小小的問題。所以，最近又開始有了「回歸自然」的呼聲。

　　吃天然的食物、使用有機食材來做三餐；用天然纖維製成的衣服，取代耐用的化學纖維做成的衣服，甚至有些手藝好的人直接自己動手做衣服。家具也一樣，用環保的原木家具，取代工廠生產的制式化家具或塑膠產品。

　　忙了一整天，讓疲累的身體躺下來休息、坐下來吃飯、看書，用到的床、餐桌、書桌、椅子等家具幾乎都會直接接觸到人體，所以為了健康，還是用原木家具比較好。

　　「既然要用原木製作家具，乾脆試著自己動手設計、製作一件『專屬於我的家具』吧！」有這種想法的人也漸漸多了起來，再加上，木材擁有一種任何材質都比不上的溫暖。除了自然材料的魅力之外，在每個學習階段到完成的過程中所感受到的愉快，和作品完成時的成就感，都會讓人想挑戰一下DIY家具。

　　那，要怎麼開始DIY呢？上網或是到書店、圖書館，找出「輕鬆製作家具」主題的相關書籍是個不錯的方法，不過，對初學者來說，就算完全照著書上說的做，還是會遇到很多困難。書上寫的看起來好像滿簡單的，實際實行之後卻發現有很多問題，過程和過程間的銜接也常常遇到阻礙。

　　以前有個電視節目，主角看了許多書學習撒嬌、化妝和談戀愛的祕訣後，將所學應用到現實中，結果鬧出一堆笑話。我看著這節目笑到肚子都痛了，之後冷靜想想，我寫的這本書要特別注意，希望照我這本書學木工的人，不會遇到這種問題。

　　節目中有一句話：「要將文字中體會到的東西融入生活中，談何容易。」讓我感觸很深，所以這本書我就以「為讓喜愛木工的人，能夠輕鬆上手做木工」作為最要的著力點。本書包含了家具工房的訊息、製作家具的過程、木工指南等，可說是初學者的入門教科書。另外，對電動工具、手工具的名稱、使用方式跟活用方法都做了詳細的介紹。書裡的家具範例都是生活中常會用到的家具，盡量讓每一個人都能輕鬆跟著做。

　　只要對木工有熱情，木工DIY其實比想像的容易多了。希望本書能成為塑造出新生代家具設計師的一個踏板。

禹尚延

目錄

Part 1.

開始木工DIY吧！

Part
2.

向達人學木工——
木工教室和木工坊

必備法寶有哪些？——
木工基本工具

環保家具DIY——
家具製作過程

我的木工坊

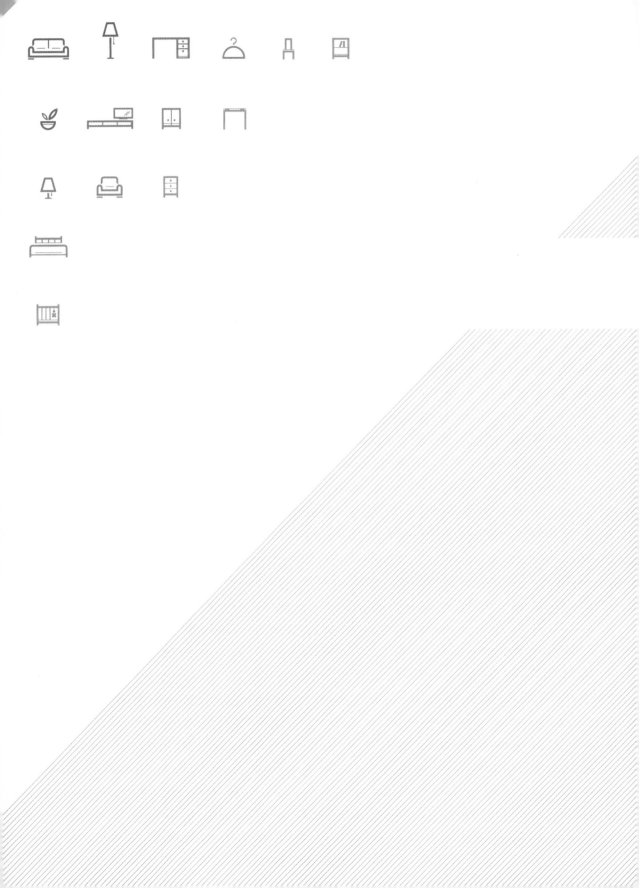

Part 1.

開始木工DIY吧！

1. 木工DIY會不會很難？

開始週休二日後，就吹起了DIY的風潮，其中，最受到大家關注的領域，就是木工了。有什麼會比可以用自己的雙手製作出家具更有魅力呢？不久前，木工課程一開班，就有上百人前來積極地詢問課程，有興趣的人非常多。但到了開課時，真正來學的人卻只剩下11、12人而已。為什麼會這樣呢？因為，很多人雖然想學，但一想到實際行動時可能會遇到的困難，就裹足不前了。其實木工真的很容易又很好玩！但，光有熱情是不夠的，本書就是要為那些渴望學習卻又裹足不前的人，一一解開對木工的誤解和偏見。

Q：做木工容易嗎？

A：舉個例子來說吧，當我們要去考駕照的時候，手一握住方向盤，腦海裡就浮現了一幅美好的景象——開著「我的車」在海岸奔馳，單手握著方向盤，邊欣賞著窗外的風景，邊享受著海風的吹拂，但是，實際狀況是怎麼樣呢？抱著駕駛手冊，一個字一個字地硬是背下規則，還有路考時的爬坡、S形、交通號誌、倒車入庫、路邊停車等，要經過這些過程，才能通過考試。木工也一樣，初學者如果一開始就執意要以高難度的卡榫技術來製作家具的話，在製作的過程中，一定會覺得困難重重又不好玩。所以建議大家老實地從基礎開始學起，才會覺得輕鬆又有趣。要從簡單的隔板或收納箱開始做起，以後再慢慢做更困難、更複雜的家具，這個概念一定要有。

Q：到哪裡去學木工？

A：想要有趣又輕鬆地開始的人，可以先翻翻看相關書籍，自己動手做做看，或到住家附近的木工教室或工作室，利用電鑽和螺絲釘，試著製作出簡單的家具。想自己設計並製作出完成度高的家具的話，我推薦你去木工教室。或者，也可以看看DIY網站、參加一日木工講座，親身體驗1、2次後，確定自己是不是真的喜歡木工，說不定還會發現自己以前都不知道的木工才能。如果真的覺得木工有趣的話，就去有完整木工課程的木工教室正式學習吧。

Q：學木工會花很多錢嗎？

A：剛開始做木工時，至少必須具備的工具有鋸子、電鑽和木槌。電鑽用在釘隔板、安裝門板時，固定隱藏鉸鍊等。修理家中家具的五金部分，或用螺絲釘修理固定的物件時，都要用到它。收納箱或隔板，光用電鑽和螺絲釘就可以做得出來。就算把這些必備工具買齊，其實也不用花多少錢。

如果真的很捨不得買工具的話，就這樣想吧：想照出好照片，就要買好的相機；想學滑雪或雪橇，就要花錢買裝備。同樣的，要做木工，就要有木工的基本工具，這些支出是必須的。容易磨損的東西，不要等到要用的時候才買，盡可能一次買多一點。再說，能夠有一把適合自己，獨一無二的工具，是多麼令人高興的事啊！

並不是說要你一開始就貪心地買很多。尤其是男生，對這些裝備都會很貪心，昂貴的工具全都想買齊。我自己也是貪心地一下買進了很多設備，花了一大筆錢呢。初學者要從便宜的工具開始用，讓手熟悉工具，讓自己熟練操作。昂貴的工具雖然有它的價值，但是操作的熟練度更重要。

熟練之後，再一件件地升級，這樣會更有成就感。

Q：做木工是不是很耗時間呢？

A：天下沒有白吃的午餐。想做好一件事，投入時間和努力是一定要的。對木工有興趣的話，熟稔工具使用法、掌握木材的特性，是最基本的。至於製作時間，簡單的收納箱或書擋，初學者只要投資幾小時就做得出來。體積稍微再大一點的家具，就要再多花點時間。但是，花幾個小時做出來的家具，最少可以用5～6年，再加上，選用符合用途的木材、確認螺絲釘並組裝、塗黏著劑、打磨、上色，每個過程，都要靠熱情才能繼續，這樣看來，所花的分分秒秒，不就是一種「幸福的等待」嗎？

再更具體一點好了，就說做張家裡的小桌子吧。拿到訂購的木材後，檢查一下有沒有遺漏的物件？有沒有切壞的地方？有按照訂購的尺寸正確裁切嗎？做這些檢查工作，大概要花1個多小時。接著，在組合家具前，

要用自動鉛筆在木材上釘螺絲釘的位置做上記號，又要花1個多小時，然後才正式開始組合。雖然每個家具大小不同，但原則是，材料越多，組合所花的時間就越多。

我剛開始學木工時，600mm大小的桌子，組合時間要2～3小時，大致就是要花這麼多時間。而塗黏著劑時，黏合木板通常會用白膠或強力膠，以最常被使用的強力膠來說，大概要等0.5～1小時，保險起見，最好等一天的時間才能確定黏好。接下來的步驟更花時間，如果利用下班時間的空檔來做，時間會拉得更長；集中在週末做的話，大約在星期六作記號和組合，星期日花1～2小時打磨後，再塗油漆或護木油。雖然不同種類的油漆或護木油乾燥時間不同，但大約都要花一天的時間。

就算用最基本的方法來製作家具，也需要兩天的時間。當然，使用快乾黏著劑或快乾油漆的話，一天內就能完成一件家具，但是成本會比較高；如果用卡榫方式製作家具，要花的時間就更多了，所以不建議初學者這麼做。簡單地利用螺絲釘也可以製作家具，初學者要從容易的開始。從小的家具漸進式地來製作的話，作業速度會越來越快，所花的製作時間也就越來越短了。當然，趣味也能一直持續。

Q：一定要會用手工具嗎？

A：用螺絲釘組合家具時，也會要用到電鑽和木工夾等用具。其實，以最少的裝備也能做出家具。但是做了幾件作品後，自然會想挑戰卡榫結構的家具，這時就需要手工具了。最具代表性的手工具就是鑿刀、鉋、鋸子。木材加工的細部收尾工作需要鑿刀；要把木材的表面修平就需要鉋；切木材的時候就需要鋸子。但是就像之前說過的，剛開始學木工時，鋸子、電鑽、木槌就夠了。

對木工有一定熟悉度的中級木工玩家一定要有手工具，初學者不要急著想用，等實力漸增後，再準備鑿刀、鉋、鋸子吧。製作一個加入了設計元素的裝飾家具的話，這三種手工具，是一定需要的。而且，如果你能使用手工具製作出家具的話，就已經具備了中級以上的實力了。

漸漸找到「手感」之後，自然會想要用更好的工具。手工具的價格，從幾十元到萬把塊都有，價差很大，建議初學者先買便宜的手工具就好。因為製作家具的工具大部分都有刀，會磨損，也就是說都是消耗品，消耗品是用壞即換的，為了減少折損率，刀要記得常磨。鑿東西或刨東西的時候，磨刀石也要預備在旁，邊作業邊磨，這樣是最好的了。而且，常打磨手工具，磨刀技術就會越來越熟練，工具使用起來也會更順手。

Q：可以在家裡做木工嗎？

A：當然可以囉！其實在家製作家具的人還蠻多的。有人在陽台作業，叫做「陽台工

房」，也有人在頂樓或院子作業。但是並不建議這麼做，製作家具時很吵，也會有很多灰塵，如果家裡的隔音設備很好，也不覺得清理很麻煩的話，當然可以在家木工DIY，但是想輕鬆、好好地學習木工的話，有一間自己的工作室是比較好的。和同好交換情報很有幫助，而且，跟有相同嗜好的人在一起，也能更快做出一定水準的家具。

Q：為什麼每個木材行的木材價格都不同？
A：就跟網路購物一樣，同一件東西在不同的商場價格就不同。木材的價格其實包含了人工費、裁切費、保管費，所以依據店家的營運方式、人力等因素的不同，價格也會不一樣。

　　有些木材行會把木材裁好後拿出來賣，有些人就會因為這樣，以為那個價格就是木材本身的費用，這是因為在賣木材的時候沒有說清楚。就木材的價格，前面已經提到，裁切來賣的話，要包含裁切費，和所謂的勞動費的人工費。也就是說，木材的價格是：木材的原價＋裁切費＋人工費＋保管費。所以，要想買到物美價廉的木材，除了手腳勤快點、多跑幾家外，沒有別的辦法了。

Q：一定要畫家具結構圖嗎？
A：家具結構圖是一定要畫的唷！買東西的時候如果沒有一張購物清單，一不小心就會多買一堆有的沒的，可能還會忘記本來要買的東西。家具結構圖就和購物清單一樣，所以要自己動手做家具，就要畫結構圖，製作過程中還要修正好幾次，才能做出完美的作品。這也沒關係，那也無所謂、馬馬虎虎地省略製作結構圖的過程的話，作業中間就會吃到苦頭了。拔掉螺絲釘重釘、反覆裁切木材，最後不得不把木材丟掉，不斷重複修正的動作。就算覺得這樣也沒關係，我還是建議一定要畫結構圖。

　　繪圖的時候不必非得用複雜的專業繪圖軟體，用鉛筆快速地在網格紙上素描就可以了，或者用練習紙大略地畫出輪廓，然後拿給有經驗的木工達人看，請他在旁邊協助畫出正確的圖。一開始先用鉛筆大略畫出輪廓，之後慢慢找出適合自己的繪圖程式，再用電腦製作出精巧的結構圖比較好。剛開始製作結構圖會花很多時間和精神，甚至讓人想放棄，但是久了之後就會突然發現，自己也能很容易地完成家具結構圖了。結構圖真的很好用，相信我這個木工前輩的保證吧！

Q：木工自學可能成功嗎？
A：當然可能囉！只要努力，一個人也可以做出很了不起的作品。不過在成功之前，會碰上無數錯誤，浪費大量的時間。其實製作過程中的錯誤也是很寶貴的經驗，問題是在對工具不熟的狀態下，操作這些工具是很容易受傷的。有銳利刀鋒的鋸子、鑿刀，還有有巨大旋轉力量的電鑽或線鋸機的刀，一不

小心碰到手指的話……後果是很危險的。

　　如果在木工教室上課的話，老師會教導正確的工具使用方法，用錯的時候，也會加以指導改正，比較令人放心。

　　如果自己一個人學，就會有各式各樣的限制。首先，市面上木工DIY的書籍其實沒有很多，再加上如果一開始學錯了鋸子或鉋等手工具的使用法，以後要矯正姿勢就很難了。以卡榫方式來製作家具時，鋸的技術非常重要，如果鋸的技術不好的話，就很難做出完成度高的家具。用簡單的工具製作小型家具時，還沒什麼問題，但是用到很多電鑽和手工具製作大型家具的話，就一定要接受附近木工前輩或師父的協助，這樣才能做到「安全木工」。

Q：女生做木工會不會很吃力？

A：很多人對木工都有「很費力氣」的錯覺，以為木工是男生才做得來的，其實在我認識的人當中就有兩個女生經營木工坊。除了搬動沉重的木材或製作體積大的家具時，需要別人的協助外，其他就算自己來也沒有問題。所以，女孩子就算只有自己一個人，也可以經營木工坊。

　　事實上，我在木工教室上課的時候，班上的女生還蠻多的。而且木工需要的細心、實用性和設計等方面，反倒是女生比較佔優勢。繪圖、活用機械或工具類等技術方面，男生會比較熟悉，但是隨著時間經過，男女性別就不是問題了，誰付出的努力多，誰的木工技術就會越熟練、越好。結論就是：「熱情」和「努力」最重要。

2. 家具是怎麼做出來的？

製作家具說難不難，說簡單卻也不簡單。舉例來說，要製作一張桌子的話，用電鑽把裁好的木材釘上螺絲釘，組合好後再塗上油漆，只要一天就完成了。可是如果要用手工具製作卡榫家具，就得花一個月以上的時間。接下來，我們來看看家具的製作流程吧！

第1步 家具設計

一般家庭通常採用方便購買、價位實在、且規格大致相同的系統家具，但是使用了一陣子後，就會開始有點小抱怨。看著家裡的書櫃，忍不住會想：「這裡再短一點就好了、再多加一兩個隔板，空間就能更充分利用了，真可惜！」或者這樣想：「這個家具這裡不平、那裡再怎樣怎樣的話就更好了……」這就是想要自己做家具的契機！那麼，不妨張大眼睛，開始盡情挑家具的毛病吧！

將這些小小的不滿累積起來，就產生了想製作一件只屬於我的「專屬家具」的念頭。接著，就是去找木材行或DIY商店了。但是如果盲目地看到喜歡的材料就隨意買下、跟店家也說不清楚自己想要什麼，是很難做出想要的家具的。不管是想親自製作家具，還是請人代製，腦袋裡都要設計好想要的家具，或帶張素描圖去。要將腦海裡的想法呈現出來很難，要設計出好的家具，不但要看過很多家具，還必須將腦海中的想法正確地描繪出來。能知道需要什麼？怎樣設計會更好？把無形的想法變成有形的設計，正是設計最好玩的地方。

以我的個人經驗來說，如果將製作家具的時間看成100%，那有50%以上的時間是用在設計上，這包括從事物當中找靈感、從建築物中尋找新點子。在2008年的某一場設計展中，我製作了三件以「蝴蝶」為主題的作品。一件是毛毛蟲的樣子，一件是在平原飛舞的蝴蝶，還有一件強調成熟蝴蝶之美的作品。當然，不完全是蝴蝶或毛毛蟲的形狀，而是擷取部分形態運用在家具設計上。

這是我經過了許多設計的過程才製作出來的，想要做出有趣的家具，最好先在素描簿上畫出來。如果想做桌子，就先畫出桌子的基本長相，有桌面和桌腳，每個連接桌腳的地方，還要有補強材。接下來想想上板的形狀要不要改成圓形、桌腳的形狀是否更換，還有補強材要不要做些變化，這樣才能完成一件嶄新的設計。簡單地說，就是這裡那裡組合、修正一下，漸漸地，完美的設計圖就大功告成了。但這裡有個小叮嚀，素描時先不要考慮會碰到的麻煩，如果不是複雜到難以完成的地步，一般來說都能做好的。

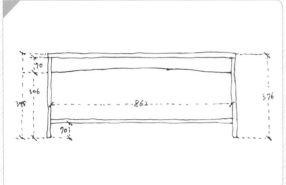

❶❷ 家具設計＆畫結構圖

❸ 切割木材

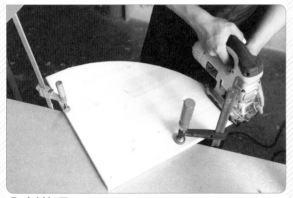

❹ 木材加工

❺ 組合家具

❻ 打磨修整

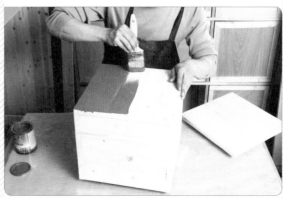

❼ 塗裝收尾

第2步 畫家具結構圖

設計完成後，輪到填寫尺寸。一張完美的結構圖，就是製作一件好家具的基礎，所以填上尺寸可說是賦予結構圖生命的重要工作。當然，也有人是沒有結構圖也能作業，但這樣在製作過程中一定會遇到無數次錯誤，畢竟不可能在腦袋裡把所有的東西都完美地計算出來。即使是簡單的小東西，沒有圖可以參考的話，對初學者來說還是很難，所以一定要畫結構圖。

以初學者最常做的桌子來說，首先要知道基本尺寸。桌子一般都是高730～830mm左右。以750mm為準，桌子的上板厚度一般是16mm、22mm或25mm。上板厚16mm的話，就算出「750－16＝734」這個數字。然後，還要放抽屜。一般來說，都是彎著膝蓋坐在桌前，所以要考慮到桌子的高度不要碰到膝蓋。我的情況是從地板到曲著膝蓋坐在椅子上的高度約650mm，所以抽屜的高度就是「734－650＝84」。一邊考慮實際使用情況，一邊訂出方便使用的尺寸，就可以推算出家具的尺寸了，也可以直接用捲尺測量家裡家具的尺寸當作參考喔！

第3步 裁切木材

現在要依照結構圖來裁切木材囉！在家裡用圓鋸機裁切木材，會有噪音和安全上的問題，最近很多人都在網路上委託廠商裁切木材。但是小木材或切錯的部分，還是需要自己用鋸子鋸。所以，在製作家具的過程中，「鋸」，可說是最基本，也最重要的技術。鋸的時候要考慮到刀刃的厚度。大約要比裁切線再往外移3mm（也就是刀的厚度）來切，這樣裁出來的才會是想要的尺寸。

第4步 木材加工

收到配送來的木材後，要對照結構圖，確認一下是否裁切正確，然後在要釘螺絲釘的位置上作記號。接下來就輪到木材加工了。「加工」就是改變木材的形狀。將已裁切好的木材，用鑿刀、鉋、線鋸機或木工修邊機，將木材切割成想要的形狀。

如果想製作卡榫家具，就要用木材連接木材了。舉例來說，要連接桌腳和補強材的話，就要在桌腳的地方挖出凹槽，補強材的地方做出榫頭。像這些工作，都叫做木材加工。

第5步 組合家具

木材加工結束後，接著就需要連接各個材料了，這個階段叫做組合。在正式的組合前，一定要先做「假組合」。假組合就是先用木工夾固定木材，做出成品的大概模樣，看看是不是自己要的樣子。先做假組合，就可以知道哪些木材的加工出了問題，需要再

修整。因為在組合途中才發現尺寸不合就來不及了，所以假組合能防止失誤發生。假組合沒有問題的話，可用黏著劑和螺絲釘進行組合家具。原本只是在腦海裡的家具構想開始實際成形，這時心裡會很有成就感喔！

第6步 打磨修整

用黏著劑和螺絲釘把家具組合好後，就要仔細地用磨砂紙打磨，將粗糙的木材表面磨得平整又漂亮。要注意，這也是會有最多灰塵出來的過程。打磨對提高成品的完成度很重要，組合時面接得不夠平，或木材沒有接好，打磨時還能做一定程度的彌補。也就是說，它是個挽救失誤的機會。另外，要用磨砂紙把表面打磨平滑，上漆的效果才會好。所以說，這是不能遺漏的重要步驟。

第7步 塗裝收尾

終於到收尾的部分了。組合後，依塗裝方式的不同，所花的時間也不一樣。為什麼不「原汁原味」呈現木材質感？為什麼一定要塗裝呢？首先，是為了要強化木材的表面，延長家具的壽命。第二，可以使木紋更明顯，或換上自己喜歡的顏色，美化一下。若是漆上桐油，木材的顏色會變深。通常，完成木工DIY的作品後，會再以油漆、油、著色劑等作收尾，依材料的種類不同，塗裝的方法和乾燥的時間也不同。塗裝基本上要塗2次，最少要花2天左右的時間。而且，為了要使塗料乾透，選在晴天作業比較好。

3. 關於木材的必備知識

哪一種木材適合製作家具呢？哪一種木材比較牢固？該怎麼做才不會使木材變形？以上這些，都是在製作家具時會遇到的問題。木材是製作家具的重要材料，那麼，現在我們就來了解一下木材吧！小學的自然課常常會跟著老師認識校園裡的植物，當中有很多的樹木，都是可以當作建材的唷！

認識木材

很多人都讀過或聽過《愛心樹》（The giving tree）的故事。我也非常喜歡這本書，尤其是最後一幕，讓我印象深刻。把所有一切都奉獻出來的樹，最後剩下的殘幹，依舊提供了已變成老人的男孩一個安靜休息的地方。為什麼提到這個故事呢，就是因為這個「殘幹」。

常常爬山的人，應該都看過這種剩下的殘幹吧！它最醒目的，就是上面的年輪。樹木的年輪，是計算樹木年齡的依據。但是仔細觀察的話，年輪的間隔有寬有窄，這和氣候有關。樹木依季節的不同，成長速度也不同，分作春天生長層和秋天生長層。春、夏時因為氣候條件佳，生長速度快，所以生長出來的形成層比較厚，年輪就較寬；秋、冬生長速度緩慢，所以年輪就較窄。

把樹木砍下來當木材使用時，可不是將樹皮切掉後就能直接使用了。樹木有邊材和心材之分，樹皮周邊部分是邊材（sapwood），也是供給和儲藏養分的空間，因為木材的熱漲冷縮會很嚴重，一般不會用

白橡木

黃梨木

核桃木

紫檀木

白樺木合板

白臘樹

銀杏木

來製作家具。心材（heartwood）長在樹木的內側，也就是形成樹木中心結構的地方。因為樹木會隨著時間繼續生長，邊材會變成心材，所以心材的顏色會比邊材深。

常見的家具木材

以台灣來說，最常見的家具木材有：台灣扁柏、紅檜、台灣雲杉、肖楠、烏心石、樟樹、大葉楠、台灣櫸等等，每種樹木各有其特性，製成的家具顏色、耐度、特性都不一樣。

外國進口的木材則主要有杉樹、檜樹、松樹、落葉松、針樅（赤松），這些比較受矚目。有趣的是，製作木工工藝的人最常使用的是巴西產的松樹，它的邊材和心材沒有明顯的分別。一般稱為針樅的赤松，在歐洲和北美產量很多，比較常見的是美國產的。赤松的邊、心材區分不明顯，也很容易加工。

木材的種類

★軟木和硬木

依樹種分成硬木和軟木兩種，硬木指的是闊葉樹，軟木是針葉樹。比較常見的軟木有櫸樹、楠樹、松樹、雲杉、紫杉、落葉松、香柏、花旗松等，會依照有沒有節疤而有不同的價格。依木材的接合型態，分作固材（solid）、平接（top finger）、指接（side finger）。觀察一下用軟木做的家具，只有

木紋長長地伸展的，就是固材；能看到裁切面的話，就是指接；還有在上板上可以看到鋸齒模樣的，就是平接。照這樣來看就很容易分辨。此外，因為在有節疤的地方加工不易，而且會讓整個結構出現較脆弱的地方，反應在價格上，成了「固材＞指接＞平接」的順序。有很多人覺得有節疤的看起來比較自然漂亮，但如果結疤超過3cm，可能會影響到結構。

▶ 軟木（上）和硬木（下）
軟木質地很軟，連指甲痕都會留下痕跡。

硬木（hard wood）種類多得數不清。我們常聽到的有：橡樹、白臘樹、黑檀、非洲麻樹、赤楊樹、硬楓、非洲黑檀、梨樹、扁栗樹、樺樹、黑豆樹、烏心石、黃楊木、苦櫟樹、櫻桃樹、桃花心木、印度黑檀、苧麻、楓樹、胡桃樹等等。當然不可能全部的木材都用上，紅橡木、白橡木、胡桃樹、白臘樹跟櫻桃樹是較常使用的樹木。

原木的尺寸大小不一，要先決定好自己需要的尺寸，再諮詢商家。從裁切開始，軟木和硬木就不一樣了，加工不同，價格差異也很大。軟木是以面積很大的板材，提供給銷售商，個人購買時，按所需的大小裁切即可。硬木寬度較窄，為了要做出大面積的板材，必須很辛苦地集成並將表面弄平。所以，用硬木製作家具時，要花費相當多的時間和努力才行。

★合成板材——MDF、木心板、膠合板

合成板材有MDF（medium density fiberboard，又稱密集板）、木心板（core board）和膠合板（veneer board）。因為是人工的，所以形狀比較工整。MDF是用木材纖維和黏著劑黏合在一起製成的板材。可以組織均一、乾淨地加工。不管在表面貼上平滑的木紋木，或者塗油漆都很容易。但因為是用黏著劑黏製而成的板材，所以有釋放出甲醛，對人體造成危害的問題。

MDF
白臘木
白樺木膠合板
全包式 MDF
胡桃木
梧桐木拼板
白橡木

現在大家都很強調環保，也有越來越多E0等級的家具建材問世。所謂的E0是指每公升的甲醛排放量在0.3毫克以下，是一種綠建材。國際上普遍以E2、E1、E0為分類標準，台灣較常見的分類法則是F1、F2、F3。大致上來說，F1＝E0、F3＝E1，F2是進口建材，甲醛排放量介於F1跟F3之間。2008年起，經濟部標準檢驗局規定，板材的甲醛含量必須在F3級以下才可以用來製作室內家具。不過，為了健康著想，當然F1（F1＝E0）級的板材是最好的。

木心板是裝潢時很常用的板材，偶爾也會被當作家具用材販售。有各種不同的厚度、尺寸可供選擇，缺點是它含有會釋放甲醛的成分。膠合板，是用黏著劑將幾片比較薄的單板黏合在一起製成，一般是由3層到5層單板構成。因為是將好幾片板材黏在一起，所以比木心板重很多。

★集成木

集成木是用黏著劑將切割好的原木黏合在一起製成。可以訂做各種尺寸，現在的尺寸單位統一用釐米標示。用紅松或西洋松集成木做成的家具，通常也被叫做原木家具，但其實應該叫做軟木家具才對。集成木很容易加工，用指甲壓上板時，就會留下指甲印，材質相當軟，所以也很容易在上面畫線。

白橡木

白臘木

胡桃木

梧桐木拼板

西洋松

MDF

白樺木膠合板

木心板

全包式MDF

原木家具鑑定班

很多人去買家具的時候，因為對木材沒什麼認識，所以聽老闆說是原木家具就問也不問地買回家。賣家至少應該說明清楚家具的木材是軟木的還是硬木的，籠統地說是原木其實不太好。建議可先對木材稍作研究，之後去購買家具時，一定要問清楚是硬木還是軟木，甚至是什麼樹種。另外要稍微說明一下，所謂的軟、硬木，其實主要是依據數種來作判斷。

區分原木家具最簡單的方法，就是看看木材的末端有沒有年輪。如果有年輪的話，就不是貼皮或合成板做成的家具。若是買原木桌子，就看上板的側面，如果看得到年輪，那就是原木家具。雖說不論軟木還是硬木都算是原木家具，但是硬木擁有明顯的木紋，我想喜歡硬木的原因之一，大概就是想看到天然的紋路吧。我剛開始學木工工藝時，就是喜歡這樣的木紋。對木材的了解越多，我對木紋的喜愛也越深。

心材　　　　　　　　邊材

家具底邊可以看到年輪的話，就是原木家具。

木材哪裡買？

　　除了特力屋這種大型的連鎖商店之外，仔細留意，居家附近也有不少木材行、建材行有在販賣木材、板材。除了這些地方可以買木材之外，也有些廠商會在露天開設賣場，可以上網訂購。可以買木材的地方其實很多，上網搜尋也可以找到大筆資料，不過，下面還是列出幾家木材行供讀者參考。

買木材的小訣竅

　　接著就是要買木材囉！已經決定好家具的用途和種類了嗎？為什麼要問這個呢？因為依據家具用途的不同，所用的木材也會不同。木工初學者不容易買到硬木，再加上工具不足，很難加工未經修整的木材。所以，剛開始先買紅松或赤松等軟木來製作家具比較好。

　　木材可以實地到木材行購買，也可以在網路上向廠商訂購，宅配到府，通常是以1才為單位來買的話比較便宜。如果要買的量是1/2才以上的話，就買1才，剩下的放在家裡保管好，要用的時候再在家裡或到附近的木材行裁切。因為剩下的木材大的怕會折到，所以要立起來保存，小的木材最好用塑膠袋包起來。

| 柏琳木業 | （02）2680-6856 |
| 新北市樹林區柑園街二段259號 |
| 國嘉實業 | （02）2820-3588 |
| 台北市北投區承德路七段1巷1號 |
| 尚新木業 | （02）2810-5187 |
| 台北市延平北路七段100巷333號 |
| 青松木業 | （02）2810-3737 |
| 台北市延平北路七段176巷16號 |
| 忠森木業 | （04）2425-4900 |
| 台中市中清路201－2號 |
| 龍華木業 | （04）2568-2960 |
| 台中縣大雅鄉橫山村振興路51號 |
| 聯美林業 | （04）9230-5627 |
| 南投縣草屯鎮博愛路394號 |
| 農林木業有限公司 | （06）570-2501 |
| 台南市麻豆區麻口里1號之1 |

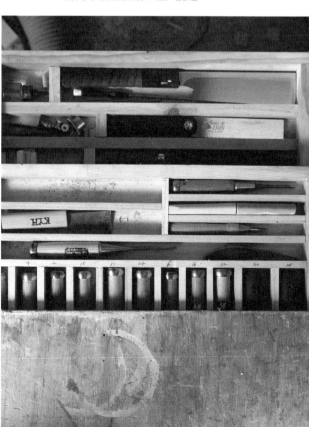

4. 家具一定要設計嗎？

培養鑑賞家具設計的能力

生活中的所有東西都有設計，家具當然也不例外。不過家具設計真的很不容易，我想做的是兼具實用和美觀的家具，所以總是為了設計傷透腦筋。我認為，家具是跟生活息息相關的，所以一定要實用。再加上，漂亮的東西會讓人心情好，所以家具也一定要有美感。

製作家具的時候，不能想做就做，一定要先知道尺寸。如果要做桌子，要知道基本的高度；若想做張有靠背的椅子，要知道椅背合適的傾斜度。「才差個1～2cm、1～2度而已，沒關係啦。」我還滿常聽到有人這樣說。但是，桌子高了幾cm、椅背的傾斜度差了幾度的話，感覺就會很不舒服。回想看看，無論你到哪間家具店，當你靠著展示的椅子時，是不是都感覺很平穩？它們之所以使用起來感覺很舒適，就是因為在製作家具時，先知道了一些重要的原則。

如果想做書櫃，最重要的設計重點是什麼呢？我認為是「結構圖」跟書的高度。只要確定好這兩點，基本上就不會出什麼大問題了。也可以多逛逛家具網站、部落格或社群，從中挑選一個喜歡的設計，照著它的樣子畫結構圖並著手製作。靠自己一手設計、製作，成就感會更高，所以花時間學學設計是必要的。

那麼該如何學設計呢？最簡單的方法就是看書。除了國內的專業書籍之外，也可以多多翻閱外國書籍或雜誌。下面這幾本書是我閱讀完，覺得很值得推薦的：

塞斯·史丹（Seth Stem）寫的《家具設計》（Designing Furniture: From Concept to Shop Drawing : A Practical Guide），從設計基礎到家具繪圖，都有很詳盡的說明。陳鐵君和黎佐治共同編著的《家具製作大全》也很值得一讀，雖然寫得很像教科書，不過所有的家具製作、工具、專門術語無所不包，是很有參考價值的書籍。

泰奇·福利德（Tage Frid）寫的《泰奇·福利德一步一步教木工》系列（Tage Frid Teaches Woodworking Set: Three Step-By-Step Guidebooks to Essential Woodworking Techniques），這幾乎可說是木工聖經了，畫結構圖、銜接的介紹、加工技法、外形加

工、塗裝技法等，都有很詳盡的說明，分為三冊。如果在書店找不到的話，可以到網路書店或是圖書館看看。

還有林東陽的《名椅好坐一輩子：看懂北歐大師經典設計》，這本書不只收錄了作者的珍藏，更有他的親身體驗和分享，可能比較重鑑賞，但首先要有眼光，才有可能做得出好作品，所以推薦給大家。另外，《Woodsmith》、《ShopNotes》、《Fine Woodworking》等雜誌也是很有參考價值的書籍。（Seth Stem及Tage Frid的書台灣未出版，可上亞馬遜網路書店購買）

家具設計的基本要素

製作家具前有哪些是要事先知道的呢？除了前面曾提到的「畫結構圖」和「高度」外，還有很多絕對不能漏掉的重要事項。首先，家具是立體的，所以要考慮到空間感、深度和距離感。如果你想在客廳放個家具，沒搞清楚家具應該做成什麼大小，就憑直覺或個人喜好做出來的話，完成的作品可能擺不下，或是怎麼擺怎麼難看。不過，空間概念不是很容易學，想多充實空間常識，主要還是靠多看書。可以一點一點慢慢看，慢慢累積，當然也可以一次瀏覽很多本，方法很多。還有一個好辦法：去逛逛樣品屋。在那裡可以看到時下流行的裝潢概念、最典型的家具配置，也可以看看符合坪數的家具。多看看這些，自然而然就會培養出品味和設計家具的眼光了。

再來說說家具吧。如果說現在要做一件家具，就該先抓出符合用途的「形態」。再加進結構、比例、色彩等設計的要素。家具要以什麼樣的形態呈現、尺寸大小、用途，可說是製作家具時最主要的骨幹。加入結構、比例、色彩後，才能夠完成完美的作品。也就是說，從家具的形態就可以看出創作者的設計思維。

★結構

家具的結構，是為了要抓住家具的整體均衡感，以及垂直和水平面的平衡。不管是什麼樣的家具，要確認有沒有掌握均衡感，只要看家具有沒有對稱就可以了。不過，除了左右對稱外，放射狀對稱也是一種對稱唷！簡單地說，在觀察家具結構的時候，要先撇開個人喜好，以完全客觀的角度來看這件家具，比較上下左右，看看有沒有平衡、對稱，就知道這家具的結構合不合格。當然，在設計者的刻意安排下，會有很多種不同的對稱，有時候也會有乍看之下不對稱，但細看卻很均衡的狀況。

★比例

　　設計家具時，比例也非常重要。家具比例上略有差異，就會產生不同的感覺。比如說有件家具，不管怎麼看就是覺得有點怪，但其實結構設計都沒什麼問題的話，很可能是這件家具的比例出了問題。比例有兩種，一種是絕對比例，另一種是相對比例。舉例來說，桌子和椅子就是相對比例，因為桌子和椅子是要相互搭配使用的家具，所以一定要彼此合適才行。只要是必須搭配使用的家具，就要觀察兩者的比例合不合。而絕對比例，就是事物它本身的比例，拿圍棋棋盤來說，看它上面畫的格子是不是都一樣大，這就是絕對比例。

　　那麼，要怎麼掌握家具的比例呢？可以從家具的功能跟空間大小來考量。知道黃金比例嗎？簡略地說，如果一邊是1的話，那另一邊的長度就是1.6，也就是1：1.6的比例。

★色彩

　　色彩是家具外觀的重要功臣。隨著使用色彩的不同，家具給人的感覺也會完全不一樣。說色彩是家具的核心，一點都不誇張。因為色彩能左右氣氛，並且讓人有不同的聯想，甚至會影響心情。舉例來說，藍色會讓人有沉穩的感覺；黃色有明亮的感覺；綠色有平靜的感覺；紅色則很搶眼。因為色彩會影響到空間給人的感覺，所以在選擇收尾的材料時，要格外慎重。選擇家具顏色時，還要一併考量到家具要放在哪裡、要和哪種家具一起配置等問題。雖然家具大致都是放在客廳、寢室、書房等地方，但是依情況，它也可能變成空間的焦點，要考慮到所有的狀況後再選擇顏色比較好。挑選顏色時，可以選擇互補色，也可以選擇同色系的顏色。如果家裡是普羅旺斯風的裝潢，配合裝潢風格把家具漆成白色也很不錯。

我最喜愛的家具設計師

　　世界知名的木工工藝家很多。如果要在裡面挑選一位我最喜歡的，那非中島喬治（George Nakashima，1905～1990）莫屬。日裔美籍的中島喬治是知名的建築家兼家具設計師，在20世紀家具設計史上佔有相當重要的地位。洗練簡潔的線條、沉靜、自然和力量，全都融入在一件家具之中。只要看一眼他的作品，就不禁會為它著迷。線條簡潔的上板，完全沒有任何修改，原原本本地將木材呈現出來，感覺相當質樸純真，托住上板的腳卻又很時尚。樸實和時尚在這件作品中協調地融合，是一件任何人都模仿不來的傑作！這件作品蘊涵了匠人的汗水和生命，很美。我看著他的作品，找到了

▲中島喬治的作品

可看出比例之美的簡・普魯威的家具▼

家具設計該走的方向。

　　不久前在國際畫廊舉辦的家具展示會上，也有展出他的作品，用日本傳統木工藝製作的家具，真的讓人見識到結構之美。雖然我現在沒做建築，但我大學時讀的建築學仍對我有不少幫助，遇到結構的問題、將素描圖轉移成結構圖、畫家具外形等，很多部分，都能從中獲得靈感。中島喬治大概也是受到了主修建築的影響，所以才能將自然和建築融入家具中，並將藝術和科學化的設計結合在一起。

　　事實上，在家具設計師中，同時是建築家的人很多。菲力普・斯塔克（Philippe Starck，1949～）就是其中之一。說他是全方位的設計家也不為過。他的設計富機智和獨創性，除家具之外，時鐘、眼鏡、室內裝潢、旅館等，幾乎跨足所有領域。在歐洲，甚至還有一定要用他設計的東西的「斯塔克迷」。

　　另外，法國的家具設計家簡・普魯威（Jean Prouvé 1901～1984），也是建築家兼設計師。他設計的家具是空間分割的優良範本。同時也研究金工的普魯威，考慮到金屬的耐久度和型態的延展性，將金屬板和天然的木材組合在一起，擴展成新的設計。

　　最後一位不可不提的是漢斯・韋格納（Hans J. Wegner，1914～2007）。他以製作椅子為主。他說：「我製作椅子時，總是以極致的簡潔製作4根椅腳，再放上椅座和扶手。」從他的話中可知，他省略了不必要的裝飾，以實用、簡潔為主，追求極致純真和自然的設計，含有豐富的哲學性。作品受喜愛的程度，可從世界各地都有漢斯・韋格納作品的複製品得知。他設計的家具，能感覺到以「簡單」、「基礎」著稱的北歐家具之美，可說是北歐家具的典範。尤其是他那件「泰迪熊椅」（papa bear lounge chair），讓人印象深刻。

　　除了國外的設計師之外，近年來台灣的家具設計也漸漸在國際嶄露頭角，如2008年參加米蘭家具展的台灣設計師們、2011年參展

▲漢斯・韋格納的泰迪熊椅

米蘭設計週的Yii（易）品牌、2011年在倫敦設計週出展的葉偉榮等，台灣的家具設計雖然還沒有廣為人知，但已經確實在走向國際了。2011年9月30到10月30號的台北世界設計大展中，也展出了許多讓人耳目一新的設計，可以看出台灣越來越重視設計的價值。

5.家具結構圖絕對重要！

為什麼需要家具結構圖

　　我建議有心想學木工的初學者，一定要親手畫結構圖。因為這張結構圖在之後用繪圖軟體繪圖時，絕對會派上用場。剛開始學習木工的人，大部分都沒有自信能把結構圖畫好。可是我要再次強調，就算學木工是學好玩的，至少也要學會畫平面結構圖，作業時才能減少失誤。在設計或裁切不小心出錯時，可以當作依據的東西就是結構圖了。而且，因為家具正確的模樣已經畫出來了，所以也可以藉此評估一下空間感和比例等。我在正式畫結構圖前，都會先簡略地素描一下，拿著比例尺，將實際的家具大小，縮

小成1/10或1/20畫出來，藉此顯示比例對不對。然後，將畫在紙上的結構圖，再正確地用電腦畫出來，比手繪更精確的結構圖就完成了。這樣，可以事先把最終的成品描繪出來，也可以據此算出木材正確的數量。

　　舉例來說，想製作一張長1,200mm、寬600mm、高730mm的桌子。畫出結構圖後，就能看清楚所需的附件有哪些、需要多少數量，然後就可以去訂購木材。最近也可以在網路上跟DIY商店訂購木材。所以，只要有結構圖，所有的資料就一目瞭然了。做桌子需要的附件有上板、框架、桌腳。假設是用螺絲釘作業的話，需要1片1,200 mm（長）

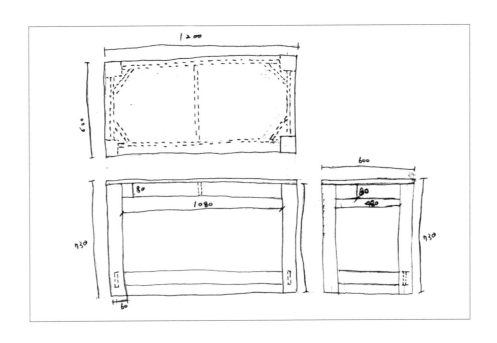

×600 mm（寬）×24 mm（木材厚度）的木材來製作上板。框架和上板連接的前後左右共4塊，和桌腳連接的框架則有3塊，所以一共需要7塊。然後將相同大小的分類在一起，和上板連接的長木材有2塊，短木材有2塊；和桌腳連接的框架長的1塊，短的2塊。可計算出總共需要長木材1,080mm×80mm×20mm×3塊，短木材480mm×80mm×20mm×4塊。

假設桌腳的長度是60mm的話，那桌腳需要的材料就是60mm×60mm×730 mm×4塊。按這樣計算，製作一張桌子，大小木材一共是12塊。接著就要考慮要用什麼黏著劑、螺絲釘、油或油漆了。畫結構圖可以讓你從裁切、組合到完成，整個家具的製作過程都想過一遍。

就我自己來說，從畫結構圖、裁切，到組合，這個流程至少會在心裡想過兩遍。畫好結構圖、填好尺寸後，就可以決定該如何組合、使用何種五金、要怎麼做塗裝收尾。雖然畫結構圖好像只是在紙上畫畫，並填上一些尺寸數字而已，但其實這裡面包含了很多內容喔！

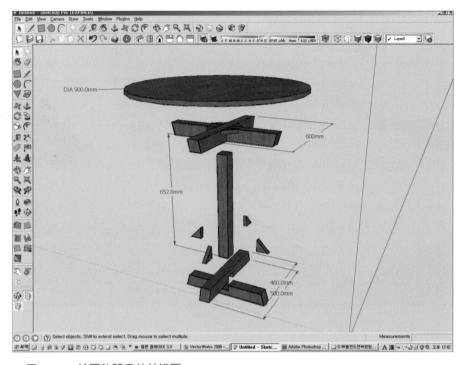

▲用sketchup繪圖軟體畫的結構圖

手繪結構圖

「不會畫圖怎麼辦？以前的人在做家具的時候，是怎麼做的呢？」可能有人會有這種疑問。家具的歷史很久遠，古時候沒有繪圖軟體，所以當然是用手畫結構圖囉！看過座標紙嗎？就是那種以一定距離畫出直線、橫線，直線橫線交錯出小方格的練習用紙。用尺來量量這練習紙吧，一般來說，每條線都是間隔5mm，利用座標紙，就能把同樣

的東西用手繪的方式，畫出一定比例的縮小圖，如1：10或1：100或1：1。但是，也有人不知道什麼是手繪比例縮小圖，簡單地說，實際做出來的家具比例是1：1，那麼1：10的話，就是將家具的大小縮小了1/10的意思。

有一種工具叫做三角比例尺，是三角柱的形狀。上面有寫1/100、1/200、1/300、1/400、1/500、1/600等數字。舉例來說，用1/100的比例尺的話，在尺上就能看到1/1、

1/10、1/100這三種數字。用1/10的比例的話，畫在紙上的一條10cm的線，實際上就是1m。如果用1/100的比例去畫，實際上就是10m了。這樣會看比例尺了嗎？在用座標紙畫圖時，三角比例尺很有幫助喔！

　　一般繪製家具結構圖時，是用原來尺寸的1/10來畫。而且畫結構圖時，平面圖、正面圖和側面圖都是最基本的、一定要畫的參考圖。如果左右不同的話，就還要畫右側面圖和左側面圖。可能的話，最好是畫立體圖。還有千萬別忘了，一定要填上尺寸唷！

畫結構圖的好用軟體

　　畫結構圖的軟體有很多種Vectorworks、CorelDRAW、3D max、Auto Cad、sketchup、Rhino等。我使用過最強的2D結構圖繪製軟體，大概就是Auto Cad了。另外還有好幾種繪圖軟體，現在就來介紹給大家，大家可以試試看哪一種使用起來比較順手喔。

　　首先是Auto Cad。Auto Cad是2D繪圖軟體中最好用，也是設計人最常使用的軟體。什麼是2D、3D呢？「D」就是

「dimensional」，也就是維度、空間的意思。這樣講起來好像有點難，其實很簡單，2D就是平面，3D就是立體的意思。因為家具是立體的，所以畫結構圖時，最好也可以畫成立體圖，也就是說，家具的正面、側面、背面等都要畫出來。有些軟體網路上可以免費下載，或是有提供試用版，可以先下載各種不同的軟體，試試看哪一種軟體用起來比較順手，再決定要不要買。

　　至於3D繪圖軟體中，目前市面上最強的就是3D max了。現在很多3D遊戲的繪圖都是靠它，前一陣子冒出很多3D遊戲，可以說是「3D」熱，我自己也趁著3D繪圖正夯的時候學了一點。

　　設計家具可以用的繪圖軟體很多，最常被使用的就是sketchup了。我最近在畫家具結構圖的時候，也是用sketchup。因為它很容易畫，家具的連接部分可以用3D直接看到，就算是初學者也很容易上手，是相當平易近人的軟體。而且它可以免費使用喔，不妨立刻去用用看吧！

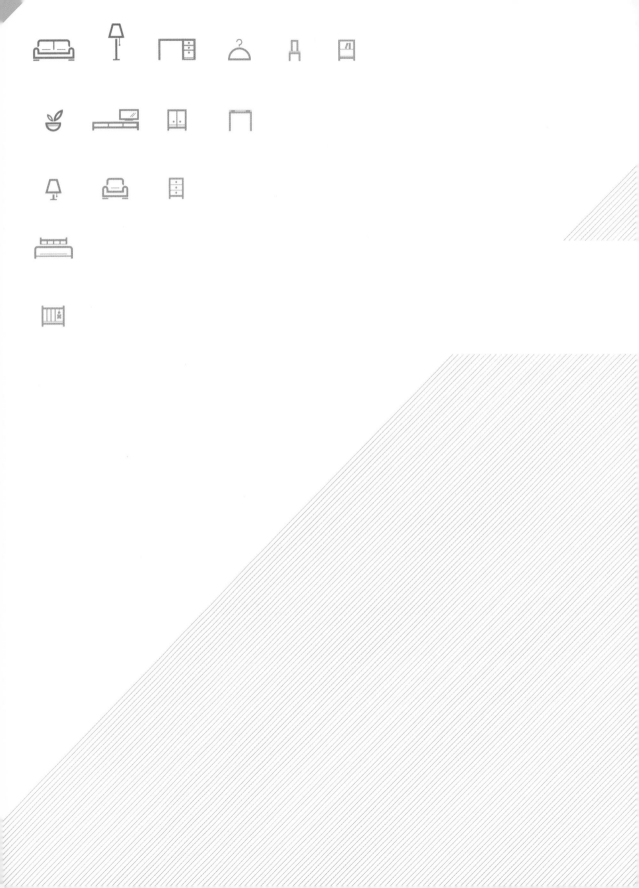

Part 2.

向達人學木工
—— 木工教室和木工坊

1. 上網蒐集木工資訊

　　我剛開始做木工時，因為很難獲得相關資訊而吃了不少苦頭。不知道該從哪裡著手，拜託很多親戚朋友幫忙蒐集情報，還像無頭蒼蠅似地到處找木工教室。但是現在做木工的人多了，從網路獲得情報也相當方便。如果你是「看一眼漂亮的家具就著迷的人」、「想立刻開始做木工的人」、「不學木工就很鬱卒的人」，趕快上網檢索一下吧！

　　打「木工DIY」、「木工教室」等關鍵字，就可以找到很多資料，而且也有很多木友會在網路上分享實用情報喔。台灣目前還沒有一個可以稱為龍頭的木友會或是木工同好的專屬平台，不過在Mobile01的木工DIY板、批批踢實業坊、卡提諾論壇等平台都有許多可以參考的資訊。

　　除了前面所說的網路平台外，像是快樂女木匠的家族、木殼工房、木作堂、小鹿木工房等木工老師的網站，都有很多關於木工DIY課程、家具製作，甚至怎麼買工具、買什麼樣的工具的建議，是很重要的資源。

　　現在，煩惱算是解決一半了，剩下的一半就是該怎麼正確取捨這些訊息。不要在茫茫網路中盲目地亂找，只要在其中一個網站裡尋找自己需要的資訊。舉例來說，只要在Mobile01木工DIY版搜尋「桌子」，就會有好幾篇，甚至上百篇的相關文章蹦出來，從畫結構圖、所需材料、前輩的經驗等有關的各種訊息，到親手製作桌子的方法等，應有盡有。問題是，自己要會找出自己需要的正確訊息，並且懂得活用。因為資訊中有時混雜了專門資訊跟錯誤的訊息，所以要稍微花精神篩選一下。不過，如果是抱著「失敗也是一種學習」的心態，也可以直接試做看看。另外，先問問木工專家也是不錯的方法。我自己也是經過從網上蒐集訊息再加以過濾的過程，現在也還是這樣。

2. 拜訪木工教室和木工坊

哪一個木工教室適合自己？

　　只要是喜歡做木工的人，至少都有過一次在自家製作家具的念頭。但是基於各種考量，其實會碰上很多困難。沒有什麼比「噪音＋鋸屑＋灰塵」三部曲更讓人頭痛了。一開始我自己也是不管三七二十一就在自家開始做木工，當我想從釘螺絲釘跨越到卡榫技法時，因為居住在住商合一的社區，所以受到很多鄰居的抗議。我一方面覺得很抱歉，沒有考慮環境就貿然施作，另一方面也忍不住有點不滿，覺得「才敲幾鎚就抗議，大家怎麼那麼小氣。」但我這樣的想法其實是不對的。因為即使關著門，敲捶聲還是很大，長久下來，任誰都受不了。

　　所以一定要找個解決辦法。我的建議是：去找個適合自己的木工教室吧。想好好地學習木工的話，除了主要的木材外，也要有各種工具、要熟悉工具的使用法，也要領會木工的技術。即使在網路上獲得了資訊，感覺好像解決了所有的疑問，但當場看人示範的效果還是比較好。再加上，個人很難備齊所有工具，所以不管怎麼看，到教室去學都是最佳選擇。

　　一旦決定要去教室學習，那應該如何選擇呢？選擇方法很簡單，上網搜尋一下大家的推文，再看看教室本身的介紹，選擇符合自己需

求的就可以了。不過，我有一個小叮嚀，準備前往之前，要考慮到位置、教室特徵、課程和自己的意志這四個事項。

　　第一，位置，要離自己的辦公室或住家近一點。距離太遠的話，不僅會浪費很多時間，也會削弱學習意志。第二，要考慮教室的特色。有的在製作家具時是用螺絲釘連接，有的是用卡榫的方式，要先觀察一下，找到適合自己的才不會後悔。可能的話，親自去拜訪，看看他們製作的家具成品，親眼看看他們的作業方式。第三，每個教室都有自己的特色，課程安排也會不同。學習基本常識本後，有的教室會讓學生自由地製作自己想做的東西，也有教室會要大家按規定製作同樣的作品。

最後，就是自己想學的意志堅不堅定。如果只是當作打發時間的消遣，會很容易放棄。也有人心裡會想：「我自己花錢來學，愛怎樣就怎樣。」如果有這種想法，一遇到困難就很容易打退堂鼓。其實，製作家具的過程，也可以說是一種自我修練，可以說是一種需要集中力和毅力的嗜好。所以下決定的時候一定要慎重。

那麼，現在就要開始找工房囉！如果有親戚朋友介紹當然很好，但自己上網搜尋並考慮過前面四項條件後，再去報名也是不錯的方法。決定工房這件事，感覺起來好像很簡單，其實出乎意料之外的麻煩。我剛開始學的時候，也經過好幾次錯誤，找了好多家工房。前面所說的四項標準當然要考慮，但事實上，最好的方法是在自己的生活圈內找工房，再和工房裡的老師討論，最後再做決定。

木工教室和木工坊網站

以下列出幾家比較知名的木工教室，對木工DIY有興趣的人不妨去上一次課試試看喔！不過，記得在去之前一定要先打電話確認過，免得撲空。

快樂女木匠（新北市店）
網址 http://club.pchome.com.tw/urs/club_index.html?club_e_name=happycarpenter
地址 新北市新店區小坑二路15號
電話 （02）2666-6341

快樂女木匠（桃園縣店）
地址 桃園縣南崁蘆竹鄉仁愛路三段437號
電話 （03）222-3337

木殼工房
網址 http://blog.sina.com.tw/woodshell/
地址 台北市大安區光復南路430號
電話 （02）2705-5705

KK的木工DIY事件簿！
網址 http://tw.myblog.yahoo.com/kk9425/
地址 新竹市草湖街17巷51弄19號
電話 （03）529-6476

木作堂
網址 http://tw.myblog.yahoo.com/harvestwoodcrafts
地址 台中市西屯區光明路 216-1 號
電話 0918-068-178

小鹿木工坊
網址 http://blog.yam.com/deerwood/category/2848238
地址 台中縣大肚鄉 中蔗路2-55號
電話 （04）2691-2995

魯班學苑
網址 http://tw.myblog.yahoo.com/mytfpa-blog
地址 台南市仁德區二仁路一段321號
電話 （06）266-1193

拙園創意木工
網址 http://tw.myblog.yahoo.com/jw!FZ7GePyRGB5m2BjnmJeinVc-/
上課地點須至該網誌查詢

3. 我的陽台工房

「陽台工房」，顧名思義，就是在公寓或一般住家的陽台做木工的意思。之所以會創出這個新名詞，是因為陽台工房的確有它的優點。首先，不必外出也可以作業；再來，沒有時間限制，可以慢慢地、仔細地做；三來，也不用花很多的錢。

假設現在要做一個陽台工房，一定要準備的有：做木工的工具和桌子、工具箱，為應付作業時產生的許多灰塵，絕對少不了的集塵機。當然，木工技術越累積，需要的工具就會越多，不過先準備基本款應該就可以了。準備完工具就要進入正式作業了。在家裡作業不受時間的限制，不過沒辦法完全隔絕噪音和灰塵，所以一定要考慮到鄰居的作息時間。使用電動工具或是鑿、鎚等噪音灰塵比較大的工作，盡量在週末的中午、下午進行。

製作家具時一定會用到很多電動工具，即使是在陽台工房也很難降低噪音。建議先請木材行把木材裁切成需要的尺寸，再帶回家裡組裝，可有效降低噪音。不過，陽台工房最難解決的問題其實是狹窄的空間，因為空間不夠，所以沒辦法隨心所欲地製作大型家具。另外，工具不可能買齊，自己在家做的話，也沒有人可以問，製作家具時就會有比較多的難處。

我在木工教室裡花了很長的時間學習，所以就沒有特別設立陽台工房，但是為了幫朋友做些小東西，或做些塗裝收尾的工作，有時候我還是會把陽台當作臨時工作室。如果家裡有小朋友，爸媽就可以和孩子一起組合家具或塗油漆，無形中也增進了親子之間的感情呢！不管怎麼說，凡事都有一體兩面，還是依自己的狀況斟酌一下囉。

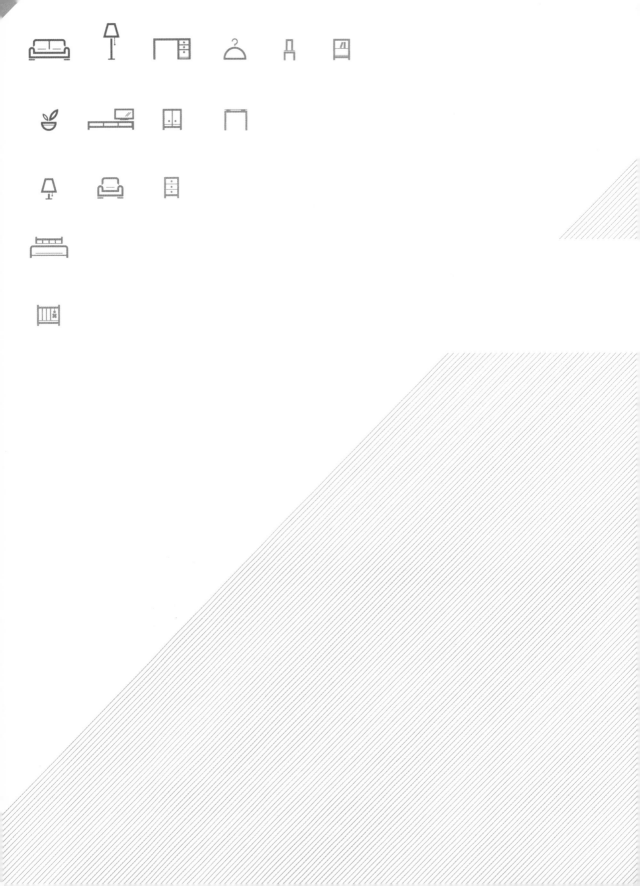

Part 3.
必 備 法 寶 有 哪 些 ？
—— 木 工 基 本 工 具

1. 防護用具

製作家具時，一定要穿戴基本的防護用具。從對噪音、銳利的鑽刀等的防護，到覺得無所謂的最小防護，都一定要穿戴齊全比較好。防護用具有口罩、護目罩、耳罩、手套等。在用磨砂紙打磨家具時一定要戴上口罩，因為打磨修整家具時，木屑會飄散到空中，會對呼吸器官帶來不良影響。在使用木工修邊機或路達等電動工具時，為了保護耳朵不受噪音侵襲，要戴上耳罩；在做鑽鑿工作時，護目罩相當好用，因為在用電鑽加工木材時，木材碎片會到處彈飛，一不小心可能會刺進眼睛；在做塗裝收尾、鑿鑽工作或使用電鑽時，通常都會帶上棉手套或布手套；在使用有刀刃突出的機械時，必須戴上鐵製手套，不過，一般普通初學者使用棉手套或布手套就夠了。

全副武裝，
▲ 準備工作囉！

2. 手工具

手工具，顧名思義，就是不用電力的工具的統稱。手工具包括：用來切斷木材或修整木材的鋸子、鉋和鑿刀、釘釘子用的鎚子、固定木材用的木工夾。用來量尺寸、標示切線和木材連接部分的自動鉛筆、鉛筆和畫線規，還有量木材尺寸的尺等。

▲在木材上做記號時，必備的鉛筆和自動鉛筆

做記號工具——鉛筆和自動筆

鉛筆和自動鉛筆，是標示木材尺寸及畫切線時的必備工具。雖然是很基本的工具，但卻非常重要。如果標示錯誤的話，別說組合起來不好看，甚至可能組不起來。通常要在木材上作較大、較明顯的記號時，就用芯比較粗的鉛筆來標記；要標示較細的線時，則用自動鉛筆來標記。記得一定要遵守這個守則，才能減少誤差。依芯的粗細，也會產生和實際尺寸有差異的情況。

▲比較一下鉛筆和自動鉛筆所畫的線

就製作家具來說，大致是使用0.3～0.9mm粗的自動鉛筆；用傳統的卡榫工法製作家具時，則適合用0.3～0.5mm的自動鉛筆。舉例來說，用夾背鋸直線裁切時，因為一般來說鋸刀的刀厚0.3mm，所以裁切時，鋸刀厚度的這0.3mm厚的木材，也會被裁掉。如果0.3mm左右的誤差出現十次，就產生了3mm的差異。你可能會想說：「才3mm

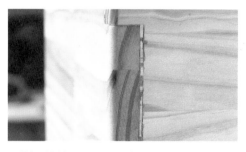

▼裂開的縫隙，用零碎木材修補後的樣子

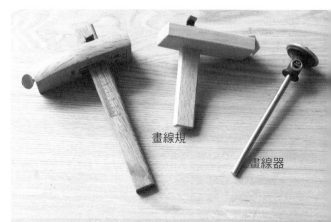

畫線規

畫線器

而已」，但在組合的時候會出現一個大縫，那就得再重做一次了啊！不只是看起來不好看，甚至會出現結構上的問題。

做記號工具——畫線規

畫線規是反覆畫線，或按一定間隔畫線時使用的工具；在鑿或鋸之前，也會用它來標示出路線。畫線規的種類有：單腳畫線規、鳥形畫線規、雙腳畫線規、畫線器（wheel marking gauge）等。

畫線規可以完全貼合木材表面，能零誤差地畫線，但是會在木材上留下刀痕，所以在正確地畫線以後，一定要將刀痕用鉋或磨砂紙打磨掉。現在就來看看使用畫線規的方法吧！

木頭製的畫線規，會出現因木材熱漲冷縮而卡緊、無法移動的情況，所以，如果工作場所濕氣重，最好把它放進防潮箱裡，或至少放進有蓋子的箱裡。而且，畫線規也有刀片，所以平時要準備好替換用的刀片，在使用畫線規時，才能隨時準確地畫線。

① 將尺貼在畫線規後面，量出從底板到刀子的長度。移動底板，使底板和刀子的距離符合要畫的線和底板的寬度。

② 將底板緊靠著木板側面，慢慢地畫出一直線。這時，木材的正面和畫線規的正面也要完全貼緊。

▲ 正確

木材和畫線規之間不能有縫隙！

▲ 錯誤

發止型定規

止型定規

游標卡尺

一側較厚，
方便在確認
水平時使用

直角尺

捲尺

雙腳規

直線尺

直角尺

直線尺

測量工具──尺

　　尺，是用來量長度、在木材適當位置作記號時的工具。有直角尺、捲尺、止型定規、直尺、游標卡尺等。直角尺在確認木材是否為直角時非常好用。

　　金屬直角尺的尺寸從15cm～1m不等，種類非常多。基本上，一定要購買15cm和30cm的尺。在檢查木材表面是否水平時，也可以使用金屬尺。因為金屬尺可以折彎，

所以拿來畫圓弧線也很好用。長度長的金屬尺，也可以在製作大大小小的卡榫時，用來均分板材。

　　不使用塑膠尺而使用金屬尺的原因，是因為塑膠尺較易折斷。而且塑膠尺通常沒有30cm以上的，而製作家具時，需要各式各樣長度的尺。尺面上幾乎都有標示刻度，每個公司的刻度會稍有不同。所以在買各種工具時，最好都買同一家公司的產品。

★尺的種類

直角尺 畫直角線或量稜角時使用。

止型定規 用來標示45度角，或檢查對切一半的木材準不準確時使用。

發止型定規 外形是將直角尺和止型定規組合起來的樣子。同時在木材的兩面劃線的時候很好用。

直尺 檢查木材的表面平不平，還有標示木材的切線時使用。有各種長度。

雙腳尺 可自由地變換角度，量角度時使用。

游標卡尺 正確地量木材的厚度，或量洞的深度（寬度）時使用。具1/100的精確度，最近也有數位式刻度的產品問世。

捲尺 量板材的長度或高度時使用。一般3～5m左右的捲尺，最常使用。

用直角尺做記號▲

用止型定規畫斜線▲

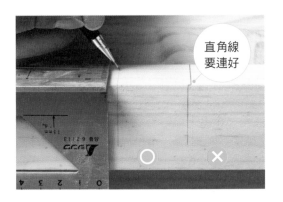

直角線
要連好

用發止型定規做記號▲

▲橫斷鋸

切割工具──鋸子

　　是製作家具時最基本的工具，依鋸齒來分，有橫斷鋸和縱開鋸兩種。橫斷鋸是橫切木材的時候用，切割的方向跟木材成一夾角，因為橫切木材比縱斷木材困難，所以鋸齒比較密。縱開鋸則是在縱開木材的時候用，因為刀刃鋸的方向和木紋相同，所以鋸齒比切割型鋸齒少。西式鋸和日本鋸的把手部位不同，因此手握的方式也不同。日本鋸的把手部位稍長，西式的把手部位較短，有點像手槍的把手。鋸子的種類很多，初學者只要先買一把夾背鋸就綽綽有餘了。

▲縱開鋸

★鋸子的種類

單面手鋸　只能用一邊來切鋸，鋸齒是縱開鋸。切割厚木材時使用。

雙面鋸　一側是橫斷鋸，一側是縱開鋸。為了讓另一側的刀刃不碰到木材，使用時角度要越低越好，比較適合用來切板材。

單面手鋸

夾背鋸

切齊鋸

鼠尾鋸

弓形鋸

雙面鋸

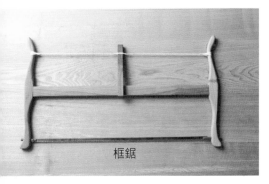

框鋸

夾背鋸 要切出漂亮鋸線時使用。為了使刀刃在切鋸時不晃動，刀背附有厚厚的鐵片。因為鋸刀很薄，常用來製作完全不用螺絲釘的卡榫家具。

鼠尾鋸 鋸刀薄，鋸刀越到末端越細，用來在木材上挖洞。它的鋸刀是設計成能同時切和鋸的。

弓形鋸 在板材上切鋸出特殊形狀，或製作卡榫家具時使用。刀刃有直線用刀刃和曲線用刀刃兩種，兩種刀刃可以替換。和鼠尾鋸一樣，它的鋸刀設計成能同時切和鋸。

框鋸 能夠更換鋸刀刃。一般來說，作業時都是兩個人一起使用的。按傳統方式製作家具的匠人，主要都是用這種鋸子。

切齊鋸 小的板材或家具上螺絲釘留下的凹洞，用木釘去填補後，去除多餘木釘時使用。因為鋸刀易彎折，刀較薄，所以切鋸厚的木材，會很容易受損。

鋸子這樣用

❶大拇指貼著木材上的鉛筆線，放上鋸子。鋸子固定好、不會晃動，再開始沿著鉛筆線鋸。

❷握鋸子時，手不要太靠近鋸子。雖然每個人習慣不太相同，但一般來說，手最好放在把手2/3的地方。

❸眼睛和鋸刀的位置要維持一直線。輕輕握著把手，手臂夾緊，鋸子不會亂晃再開始鋸。

打磨工具——鉋

　　鉋主要是用來將木材表面弄平滑、將木材稜角弄圓滑、將鋸子鋸過後的木材表面磨平，還有修整木材厚度。鉋大致分為西式和中式兩種，西式鉋是一面推一面刨，中式是一面拉一面刨。

★鉋的種類

平鉋　分為長鉋和短鉋。要讓木材表面平滑，或要把高度不同的地方弄得一樣高時使用。

左式斜口鉋　早期沒有路達等工具的時候，要刨直角都要靠這支！磨製榫頭的時候也常用這種手鉋。

幅刀　在像把手一樣的鉋身中間有鉋刀。使用方法是用雙手一面握住一面拉。

船鉋　在刨出凹陷的部分時使用。

外圓鉋　刀面跟誘導面都是圓弧形。要刨凸圓形或是圓柱面的時候用。

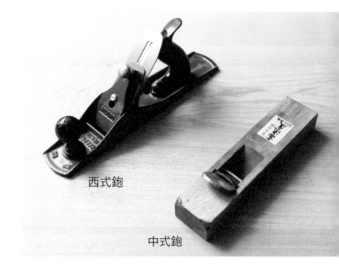

西式鉋

中式鉋

清含底鉋　刀用於清理溝槽底部的殘餘木料，使溝槽底部平整漂亮。依槽的寬度不同，鉋的大小也各不相同。

內圓鉋　刀面跟誘導面都是圓弧形。要刨凹圓形或是圓筒內面的時候用。

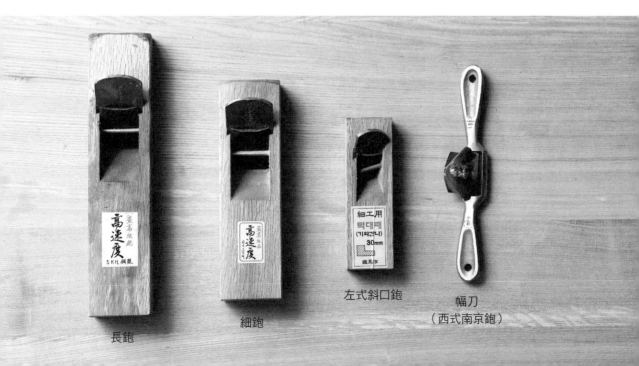

長鉋

細鉋

左式斜口鉋

幅刀（西式南京鉋）

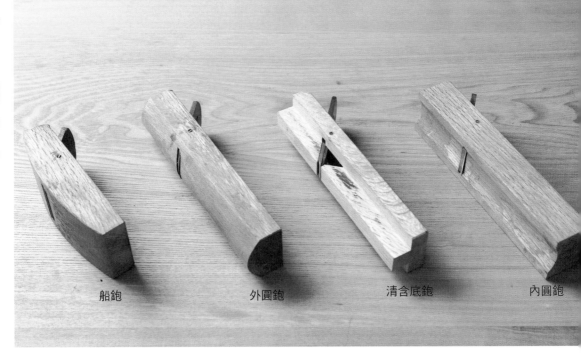

船鉋　　　　外圓鉋　　　　清含底鉋　　　　內圓鉋

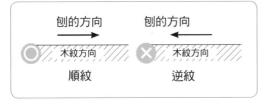

刨的方向	刨的方向
◎ ⟶ 木紋方向	✕ ⟵ 木紋方向
順紋	逆紋

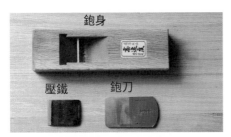

鉋身

壓鐵　　鉋刀

鉋分為鉋身、鉋刀、壓鐵三部分 ▲

將鉋側放保管比較好 ▲

　　刨的時候，先觀察一下木紋的方向，順著木紋刨表面才會平滑。順紋，就是能一面刨、一面很平滑地推出的木材方向；逆紋，就是感覺粗粗的木紋的方向，要換到順紋的木材方向來刨，這樣才能把木材表面刨得漂亮又省力。

　　在這麼多種鉋中，一般來說，最常使用的是平鉋，短鉋和長鉋一定要買。短鉋，在將小片的木材表面弄平時很好用，長鉋則適合用在刨大的板材時。

　　鉋分為鉋身、鉋刀、壓鐵三部分。鉋身一般都是用橡木做成。不同類形的鉋價格差異很大。鉋刀是刨木材的刀，壓鐵一方面是為了壓住刀刃，同時也有克服逆木理的功用。在保管中式鉋時，要把鉋側向地放，這樣鉋刀才不會受到損傷。

　　要買什麼樣的鉋比較好呢？這其實很難說，因為每個人的習慣不一樣。再怎麼說，工具還是用得順手最重要，不妨到DIY商店試用

看看、參考網路上的比較，或是請教一下有經驗的木友，選擇適合自己的工具比廠牌重要太多了。

最後，在第一次使用鉋前，別忘了一定要把油滴進鉋身裡。這樣才能將鉋和木材的摩擦力減到最小。油用家裡的食用油就可以了，讓鉋吃油的時候，要先將鉋刀取出，用透明膠帶將鉋露出的縫貼住，堵住油，避免油滴落下來。把油滴進鉋身後靜置，直到油全部被吸收再撕下膠帶就可以用了。

裝鉋刀

❶將鉋刀推入鉋身，用釘鎚輕敲鉋刀上側，把鉋刀敲進去。刀子露出鉋身底板0.1mm後，再用釘鎚將壓鐵捶夾進去。

❷將鉋翻過來，鉋身和視線維持一直線，觀察鉋刀有沒有露出鉋身底板之上。用釘鎚將鉋刀捶出至露出底板約0.2mm即可。

退鉋刀

▲用手掌抓住鉋身，用食指推鉋刀，然後用鎚子在鉋頭部兩端，輪流敲打，鉋刀就會出來了。在鉋刀中間敲的話，會敲碎鉋身，這個要特別注意。

握鉋的方法

▲一隻手包住鉋身的頭部，另一隻手的食指貼著刨出木屑的地方，手掌握住鉋身。

修整工具——鑿刀

在木材上鑿洞或挖出凹槽時使用的工具。在用鉋不易刨到的地方,換用鑿刀來刨也可以。隨著用途不同,鑿刀的外型也不相同。依機能分的話,可分為打鑿和修鑿,打鑿的鑿身較厚、鑿柄堅硬,可以用手槌或木槌敲打,又再細分成寬鑿及窄鑿。寬鑿適合用來鑿寬且淺的榫孔或修孔壁;刃口在5分以下的就是窄鑿,適用於鑿深孔。修鑿則鑿身較薄,用推力削修木材,使作品的表面光滑。

鑿刀最常見的尺寸是3mm(台灣較常使用的尺寸單位是「分」,1分約等於3mm)、6mm、16mm、19mm、25mm、32mm跟38mm。此外,鑿刀通常分成平鑿、圓鑿、斜鑿和雕鑿。

平鑿是挖槽或打磨稜角時最常用到的鑿刀。不過在推鑿刀的時候要小心,如果失手的話,以後組合木材的時候,就還要再受修補之苦。直角鑿的鑿刀呈90度,主要是在挖燕尾槽跟直角的時候用,在將稜角打磨至圓弧型時,也派得上用場。

如果現在要鑿一個25mm深的不通孔,但因為是初學者,還沒有備齊所有尺寸的鑿刀,手邊沒有25mm的鑿刀該怎麼辦呢?很簡單,只要用最常見的19mm的鑿刀鑿2次就可以了。

依用途、品質不同,鑿刀的價格從幾百元到上萬元不等。初學者先買便宜的就好,等技巧越來越純熟了,再用貴一點的工具。不過,工具最重要的還是要用得順手,所以買了工具後一定要多加練習,才會熟練。

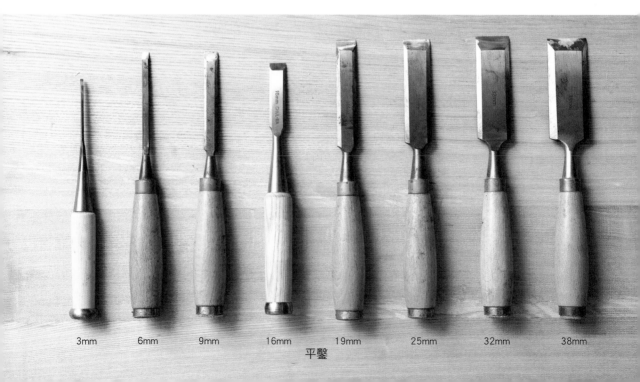

3mm　6mm　9mm　16mm　19mm　25mm　32mm　38mm

平鑿

挖不通孔的方法

❶ 在要挖槽的地方做上記號。

❷ 用平鑿挖出圓形的凹槽，這樣做最簡便。如果沒有平鑿，就略過這個步驟。

❸ 用木工夾固定好木材後，在要切割的位置上，垂直放上鑿刀，用鎚子輕輕地敲捶鑿柄的末端。

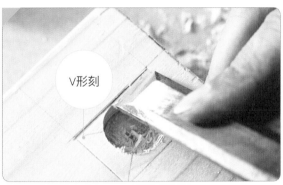

V形刻

❹ 先在切線上做V形刻，這樣能清楚標示出要鑿的位置。要從切線內側鑿起。如果想用鑿刀一下就鑿出刻痕，木頭很容易會裂開，或洞會變大。

❺ 將鑿刀立起來，在要鑿出不通孔的位置裡，先鑿出幾道刻痕。

❻ 將鑿刀垂直立起來，用鎚子一面捶，一面將周圍乾淨地鑿出並收尾。

挖通孔的方法

內側和「挖不通孔的方法」❶～❻的過程都一樣。

❼ 從表面向下挖出深約2/3的槽。

❽ 正面挖完後翻面，在反面同樣位置用鎚子敲鑿刀挖穿凹槽，就大功告成。

磨平鑿的時候，要從造刀反面磨起。▼

鑿刀會被磨損，所以別忘了要常用磨刀石把刀磨利。我在剛開始學木工的時候，光練習磨刀就花了三小時。使用手工具，熟悉磨鑿刀的方法絕對是最基礎的。打磨手工具，要從磨刀開始。此外，光知道用刀還不夠，更要知道怎麼保管、修整好自己的東西。磨平鑿的時候，要從刀的反面開始磨，再磨正面。如果刀反面的狀況良好，就可以不用磨刀了。萬一刀不平或有磨損的話，就要磨了。

還有一件事一定要注意，用鎚子捶鑿刀的時候，手絕對不能放在鑿刀前面，因為這時鑿刀很容易移動，一不小心鑿刀歪了，手就會受傷。

我也是時常忘記這點，手就被割到過好幾次。有些人在用手工具作業時會全程戴著手套，我自己則是在使用打磨機、電鑽、鑿刀等工具時才會戴手套，不管怎麼說，防護工作真的是很重要喔！還有，在使用鑿刀時，一定要戴護目罩。因為木材碎片會亂飛，一不注意讓木屑刺進眼睛就糟了。

修整工具——鎚子

釘釘子或組合卡榫時，都會用到鎚子。鎚子的種類有羊角鎚、尖尾鎚、橡膠鎚、木槌等。依作業性質的不同，鎚子的使用法也稍有不同。在用鑿刀作業時，最常使用到的是木槌和橡膠鎚。另外，羊角鎚在釘釘子或拔釘子的時候都用得到。

其實在拆卸做好的家具時，鎚子也是很重要的。雖然這種狀況不太多，不過如果發現做好的家具組合錯誤，要分解重組時，就要用鎚子來敲。因為不是要把整件家具拆解丟掉，而是要把分解出來的板材再加以活用，所以捶的時候要格外小心。如果不小心敲太用力，在木材上留下捶痕的話，可以用浸過熱水的毛巾貼在捶痕上，等1～2分鐘後再用熨斗熨一下，大概可以回復90％的外觀。

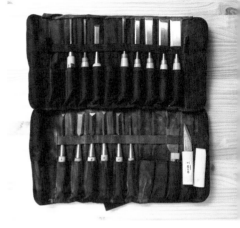

▲ 鑿刀最好放到布或皮革口袋裡，掛在磁鐵工具架上保管。

尖尾鎚　　　　羊角鎚　　　　木槌　　　　橡膠PU鎚　　　橡膠鎚

中間石　　　　　　粗磨石　　　　　　鑽石磨刀石

磨整工具——磨刀石

　　在磨鑿刀或鉋等鐵製工具時，會用到磨刀石。這裡要注意，鑿刀或鉋是禁不起掉落地上的。磨刀石大致可分為天然磨石、人造磨石、陶瓷磨石、鑽石磨石等，依細緻度又可分為粗、中、細三種。磨刀石會依「grit（砂礫）」或「micron（微米）」來分粗細。一般來說，80～400grit的磨刀石是粗磨石，600～2,000grit的是中間石，3,000～8,000grit就算是細磨石了。要特別注意的是，grit的數字越高表示石頭越細緻，數字越低表示石頭越粗糙，但是micron卻恰好相反，數字大的反而越粗糙。

　　磨刀石也是一種消耗品，在磨鑿刀、鉋刀的時候，磨刀石的表面也會受損。如果表面不平的話，這時，就要用到磨石了，磨石可以用來把磨刀石整平，在磨刀之前，磨刀石的表面一定要平整，這樣才能把鑿刀、鉋刀等磨利。

　　為減少磨刀的麻煩，現在出了一種新產品——鑽石磨刀石。一般的磨刀石在使用前，要浸在水中，而鑽石磨刀石是乾式的，不需要浸水。磨的方法和一般磨刀石一樣。將鑿刀或鉋刀放到磨刀石上磨的時候，時常會發生刀面角度歪斜的情況。大致來說，初學者最易犯這種錯，這時夾上夾具，磨刀時，刀面就能保持平穩，磨起來就順暢多了。

▲在磨刀石上夾上夾具來磨，能讓刀面平穩，相當好用。

磨刀石磨刀法

❶ 磨刀石在使用前要先浸在水中約10～15分鐘。

❷ 先在粗的磨刀石（約200grit左右）上磨鉋刀或鑿刀。

❸ 再換收尾的磨刀石（約1,000grit左右）。

利用夾具的磨刀石磨刀法

❶ 在鑿刀上裝上夾具。

❷ 一手握住鑿刀，一手握住夾具地磨。

3. 電動工具

電動工具，就是指會用到電的工具。電動工具，大致分成用電池的充電式，和連接電源的電器式兩種。充電式的電動工具不受場地限制，可以邊自由移動邊使用，相當方便。鑿洞或釘螺絲釘這類比較不需那麼使力的工作，用充電式的電動工具綽綽有餘。電器式的力量比充電式的大，但是因為有電線，使用時較不方便。

鑽洞工具──電鑽

電鑽是電動工具中，最基本、最具代表性，也是最常用的電動工具。當你要釘螺絲釘或在木材、牆壁上鑿洞時都用得到。電鑽一般分成附電池的電鑽和接電源的電鑽兩種，尤以接電源的電鑽的性能較好。不是說附電池的電鑽力量不夠，而是電鑽有不同轉速和衝擊的區分。除此之外，夾頭也有不同尺寸。通常夾頭尺寸大概約10mm跟13mm（約 3分或4分），如果是在家裡DIY的話，用10mm的話就綽綽有餘。不過每個人需求不同，建議親自試試看哪一種用得比較順手。

在買電鑽時，要選擇同時能拴螺絲釘，也能拔出螺絲釘的電鑽，如果還能調節速度的話更讚。因為電鑽不是消耗品，所以建議一開始就買品質比較好的。總而言之，購買電鑽的時候，記得要考慮：電鑽的轉速和衝擊、可不可以栓螺絲釘兼拔螺絲釘、有沒有速度調節裝置、電鑽握起來舒不舒適等因素，再行購買。

▲充電式電鑽

▲在附電池的電鑽上安上螺絲起子頭（左）和麻花鑽頭（右）

木材和鑽刀要呈直角。

▲使用附電池的電鑽時，要垂直地鑽下去。不然螺絲釘會釘不好，甚至麻花鑽頭可能會斷。

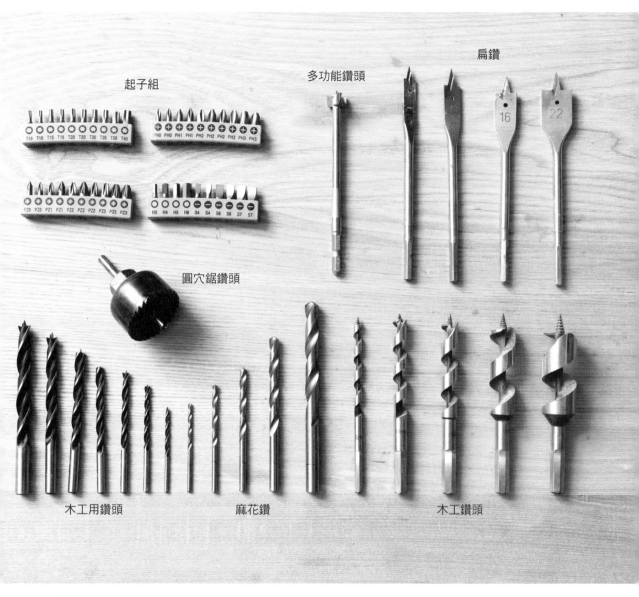

起子組

多功能鑽頭

扁鑽

圓穴鋸鑽頭

木工用鑽頭

麻花鑽

木工鑽頭

★鑽頭

鑽頭（bit）有分木工鑽、麻花鑽、扁鑽、圓穴鋸鑽頭等好多種。因為種類繁多，建議成組購買為佳。

起子組　是釘螺絲釘的時候使用的鑽頭，想要買電鑽的話，這種鑽頭絕對是基本款。如果螺絲起子鑽頭和十字螺絲釘不能吻合，螺絲釘頭的部分就會弄壞。所以，最好是購買符合尺寸且自己慣用的螺絲釘鑽頭。此外，還有一字型和十字型加一字型的鑽頭。有很多種長度可供選擇，但建議只要先購買長、短兩種即可。

鐵材鑽頭（麻花鑽）　顧名思義，就是在鐵材上鑽洞時用的鑽頭。一般最多使用的是13～25mm大小的鑽頭。

木工鑽頭　鑽頭的刀像王冠一樣尖尖的，刀刃向外凸出。多用在木材鑽洞，最常使用的尺寸是2～6mm的。因為木工用鑽頭和鐵材用鑽頭很像，購買時要仔細看清楚。

扁鑽　在鑿6～38mm這類比較大的洞時使用的鑽頭。為了能挖洞，如鏟形般的鑽頭刀刃的中央，做成尖尖的，才能刻入木材裡面。因為中央尖尖的部位很長，所以操作的時候要特別留心，以免不小心就穿過頭。

圓穴鋸鑽頭　是能挖直徑25～89mm的洞的鑽頭主要用在挖圓洞。

莎拉刀　又稱為子母鑽。如果是用軟木材製作家具的人，就一定要購買這種鑽頭。有各式各樣的規格，價格約在幾百塊錢上下。如果不先在木材上鑿洞，而是直接將螺絲釘釘在木材上的話，木材很容易會碎裂。用這種鑽頭就可以保持木材表面美觀囉！

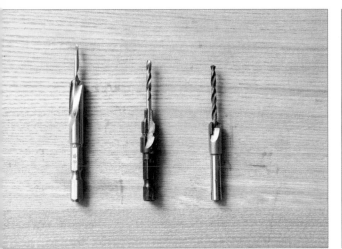

▲製作家具時必備的莎拉刀，有各種規格。

▲有沒有鑽洞大不同。直接釘上螺絲釘的話，木材很容易碎裂。

切割工具──圓鋸機

圓鋸機是工房或工作室裡常見的鋸子，可以直線或斜線切割大型板材。圓鋸機能帶著到處走，很方便，所以就算工作室裡有桌上鋸，圓鋸機仍然是不可或缺的必備工具。不過因為它不像桌上鋸是固定的鋸子，無法隨心所欲地切割大型板材。

購買圓鋸機時，只要看鋸片的尺寸就可以了。一般最常使用的是進口品牌Makita（牧田）的產品，購買8吋和10吋各一個即可。因為使用圓鋸機，在巨大的板材上鋸直線並不容易，所以這時需要使用夾具，來固定住板材，讓圓鋸機能順著直線推出。用MDF或合成板作成的夾具最好。

▲圓鋸機

圓鋸機的鋸片上附有保護帶，鋸板材的時候刀子會向外凸出，很危險，作業的時候要特別小心注意。使用圓鋸機前，要先確認一下板材有沒有釘子或螺絲釘。這些東西會讓鋸片受損。最後，換鋸片的時候，不要忘了電源插頭一定要拔掉。

▲用圓鋸機切割大板材的樣子

▲線鋸機

鋸削工具——線鋸機

在家工作的人，時常用圓鋸機來代替線鋸機。線鋸機能將木材切割成不規則的形狀。想要做出心型的物件的話，就常常會用到這種工具。要切出細緻的形狀，是件相當費力的事，但是利用線鋸機就會簡單得多。

線鋸機的鋸片是掛在下方的，鋸片以上下移動的方式來切割木材。另外，比起鋸直線，鋸曲線更好用。線鋸機的鋸片可快速拆裝，依鋸片的不同，有些鋸片還能切金屬或塑膠。價格從2,000～20,000多元的都有。

鋸片雖然在下方，但使用時也要小心，手指不要放在鋸片附近。還有線鋸機的鋸片的下方，如果有障礙物的話，也是相當危險。像圓鋸機、線鋸機、路達、木工修邊機等會用到電的工具，為了使用時的安全，電線一定要放在工具的後方。別忘了，鋸片完全停止前，不可以從木材裡拔出鋸片；不使用時，插頭一定要拔掉。

線鋸機，是將木頭切成圓形時非常好用的工具。買線鋸機時，一定要檢查一下鋸片是否容易拆裝。各品牌生產的線鋸機換鋸片的方式稍有不同，但記得要購買鋸片容易拆裝的，換鋸片的時候才不會浪費太多時間。

▲用線鋸機鋸曲線

接合工具──餅乾榫機

餅乾榫機（biscuit joiner），又叫木板接合機，是連接木材時很好用的工具。先在木材上挖出凹槽，然後將檸檬片（木工接合片）嵌進凹槽中，就能接起來了。運用餅乾榫機，可以讓家具表面沒有任何釘痕地連接、組合起來，屬木工中級者的愛用品。

檸檬片的尺寸有三種，所以要依製作家具的大小選擇適當的檸檬片來作業。用餅乾榫機在板材上鑿洞時，最好能用木工夾固定住板材，以免板材搖晃。

▲餅乾榫機

▲三種尺寸的檸檬片

用餅乾榫機鑿洞

▲在板材上用餅乾榫機鑿洞，然後插入木片。

▲用絲鋸機做好的看板

▲絲鋸機

▲木工修邊機

▲各式各樣的木工修邊機刀具

切割工具──絲鋸機（電動線鋸）

以前的絲鋸機（scroll saw，電動線鋸機）噪音很大，產生的木屑也很多，現在的產品都改善很多了。絲鋸機是以上下移動鋸片的方式切斷木材的，所以只要移動木材，就能切割出想要的形狀。因為鋸片很細很薄，所以常會有鋸片折斷的狀況發生。我作業的時候，也時常折斷鋸片，雖然說消耗品的價格不高，但俗話說，「聚沙成塔，積少成多」，累積起來也很可觀的啊！

絲鋸機很受女木工的喜愛。利用絲鋸機，可以把木頭做成心型或可愛的動物造型，也可以用它做出有自己風格的把手。除非手指直接貼著、靠著絲鋸機，一般來講，它可以說是比較安全的工具。但不管怎樣，它還是附刀的工具，要記得遵守基本的安全守則才行。

修整工具──木工修邊機

木工修邊機（trimmer）是挖槽時非常好用的工具。木工修邊機的刀具種類很多，依刀的不同，能挖出許多種不同形狀的槽。它比下面要介紹的路達小，重量也較輕，因此對女生或初學者來說，使用起來更方便。如果要挖寬10mm深10mm的槽的話，該如何操作呢？如果作業有一定的範圍的話，當然一定是要用夾具的，然後一開始輕輕地挖出一道3mm深的淺槽，再確認要挖的位置對不對，接著每次挖2～3mm，一點一點加深地挖。這樣刀具才不容易損壞，工作進行得也會更順利。

使用木工修邊機時，電線一定要放在木工修邊機的後面才安全。當然，作業結束後，木工修邊機的刀還沒停下來之前，千萬不要移動木工修邊機。木工修邊機的大小雖然只有路達的1/3，但力量還是很大，一不小心就會受傷。打開

▶使用木工修邊機時，要養成將電線放在後面的習慣。

木工修邊機的開關,刀子第一次旋轉時,會感到些微震動,所以手要緊抓住木工修邊機。換木工修邊機鑽頭時,不要忘了插座上的插頭一定要拔掉。購買木工修邊機的時候,最好是買知名度較高的產品。就木工修邊機來說,使用時的手感很重要,要自己用得順手才行。

震動很大,手一定要握緊。所以作業時,最好用兩隻手握著。

路達的刀具種類繁多,價格差異也很大,有必要的時候再一一買進就可以了。大致分作一字刀、挖槽刀、稜角用刀等。刀柄的直徑(連接路達刀的部位)的標準尺寸是12mm,英制標示為1/2吋。換刀的時候,一定要拔掉插頭後再換。打算買路達的人要先仔細研究一下路達的馬力大小,路達和木工修邊機不同,重量比較重。太重或馬力數在3馬力以上的產品,對初學者來說,使用起來較困難,所以建議使用3馬力的路達即可。

修整工具——路達

路達(router,正式名稱為手提式木工雕刻機)和木工修邊機的用途相同,裝上凸線刀(flange)就能像木工修邊機那樣使用了。馬力高的路達,在剛開電源的時候

▲路達

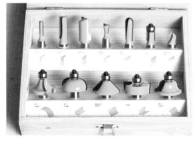
▲各式各樣的路達刀具

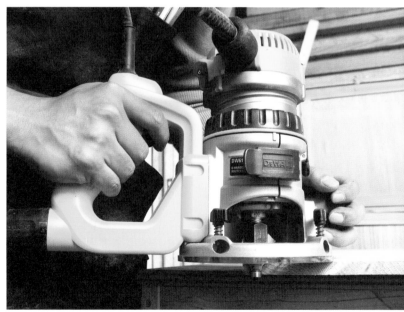
▲運轉中的路達

4. 塗裝和收尾用具

在進行塗裝、收尾的工作時，依製作者的喜好和取向，選用的材料和種類會有很大的差異。這本書是專為木工初學者而寫的，所以不會介紹塗裝材料的成分，而是著重在介紹各種塗裝材料和收尾用品，以及最基本的塗裝方法。如果想知道材料的成分，可以到木工相關的網站上搜尋。不過有一點要特別叮嚀，不管是用哪一種收尾方法，一定要用環保產品。因為放在室內的家具和人直接接觸的機會很多，也和人一起呼吸，對人體健康的影響是很大，所以必須選擇環保產品。

家具塗裝時會用到的有油漆、油、著色劑、蟲膠漆、罩光漆、黃土等，相當多樣，在這邊先以比較容易操作的材料為主介紹。在使用油以外的所有塗裝材料時，要順著木紋的方向塗。和木紋反方向地塗的話，會留下很明顯的塗抹痕跡，一點都不美觀。

一般來說，塗裝收尾會花很多時間，所以首重耐心和細心。也會受到天氣的影響，在連續雨天的時候，連2次塗裝收尾都很難。還有，塗裝收尾時絕對不能忽略一件事，就是在塗油漆或油之後，一定要用#600以上的細磨砂紙，將表面打磨好。因為在塗的過程中，會留下氣泡或油漆刷的刷痕，所以要用磨砂紙磨掉，才能完成乾淨的塗裝。當然，依用途和個人喜好，每個人的塗裝方法多少會有些差異，我在這裡提出的只是基本建議。

依製作家具、塗裝方式不同，作業順序也會稍有差異。但基本的塗裝順序大致是從困難的地方和底部先塗起。以收納箱為例，要按照底板→箱內部底板→箱內壁→箱外面的順序來操作。

▲用潤飾油收尾後的板凳

塗裝工具——油

油（oil）是我在製作家具收尾時最常用的產品。如果成品的主材料是硬木，又想讓木紋更鮮明時，我喜歡用油來收尾。各公司所生產的環保產品種類繁多，大致來說，價格約1公升1,000多塊。在眾多製造公司中，立邦（Liberon）公司的油，是最廣為人知、最多人使用的一種。

油的種類有塗裝用油（油漆）、柚木油、桐油等。一般來說，在容器的後面都會寫上使用法，操作前必須要確認、瞭解乾燥的時間、最少要塗幾次等資訊。通常用油來收尾的話，最基本的要塗3次以上，乾燥的時間要花10小時左右。桐油更需要四天以上的乾燥時間。

用油來漆家具的時候，如果是天氣好的狀況，早上跟下午各塗1次，一天最少要塗2次。第二天再塗第3次，所以塗裝最少需要兩天。然後還要再花一天乾燥，收尾完成最少需花三天。以我個人的經驗，如果在漆油的時候天氣不佳，那我一天只會塗敷1次。如果使用的是桐油，基本上要四天塗1次，所以光塗裝就要花兩個星期左右。總而言之，要完成一件家具，是需要花很長的時間。

塗裝工具——油漆

油漆是在製作軟木家具時，時常會用到的收尾材料。我自己剛開始學木工的時

▲油

▲這是油漆裡水太多造成的結果，會留下眼淚一樣的痕跡。油漆稍微浸入一點水就可以了，而且還要塗薄一點。

候曾試著用過，最近又開始再使用。想要做出最近流行的鄉村風或普羅旺斯風感覺的話，油漆超好用的唷！

油漆大致上分成油性和水性兩種。一般住家裡面都是用水性油漆，另外，牛奶漆最近很受歡迎。油漆也一樣，最近有很多環保產品問市。牛奶漆1加侖（美制1加

侖約等於3.8公升）大概是1,300～1,500元。水溶性產品要稀釋10～20％才能使用，基本的乾燥時間是24小時左右。不同廠商的產品乾燥時間略有不同，選購前最好先詳細閱讀容器上標示的用法再操作。

因為油漆是用刷子來漆，所以塗敷時要特別小心注意，如果出現刷痕的話，相當不美觀。不過，就初學者來說，不論再怎麼小心，家具上多少還是會留下刷痕。可是，如果為了要掩蓋刷痕，馬上再漆一層油漆的話，反而會看起來更醜、更厚，這時建議耐心地等候一下，等油漆乾了再漆，刷痕才會變淡看不見。

▲油漆

▲漆上暗紅色牛奶漆

▲漆上兩種顏色，做出鄉村風的隔板。

塗裝工具──著色劑

著色劑（stain）是在要更換木材顏色時使用的塗劑。因為木材會吃顏色，所以，同時能讓木紋鮮明，又可以變換顏色的著色劑，實在是讓人愛不釋手。著色劑大致可分成酒精著色劑、水性著色劑、油性著色劑三種。著色劑也一樣，最好是購買貼有環保標章的產品。

油類的塗劑，要用刷子或碎布來塗。我通常都是用碎布來塗油收尾，因為用布塗的顏色較淡，木紋看起來也更鮮明。不管怎樣，這些都是我摸索後得到的經驗，建議大家兩種都試過後，再依個人的喜好作選擇。

使用水性著色劑的話，為了保護家具，再塗一層覆蓋劑更好。存放著色劑時，一定要將著色劑密封起來。如果打算在冬天使用，因為是水性，零度以下時，別忘了要先加溫。為了免除這些麻煩，購買後立刻使用，不要存放過久才是上策。

▲著色劑

▲用橡木色著色劑塗裝收尾的椅子

塗裝工具──罩光漆

說到罩光漆（varnish），一般是在家具漆完油或著色劑後，讓家具表面形成一層保護膜時使用的收尾材料，當然也可以只用罩光漆來收尾。但是，不能用在乾燥不完全的木材上，因為木材也是生物，不要堵住了它的呼吸。再加上，乾燥不完全的木材，一不小心，漆就會混入木材內部。

罩光漆大致分作油性和水性兩種，兩種味道都很難聞。油性聞起來有點臭，水性的聞起來則辣辣的，有點刺鼻。如果拿來當作覆蓋劑，常用到的是水性罩光漆和水性聚氨酯。

塗裝工具──蟲膠漆

　　蟲膠漆（shellac）是萃取昆蟲體液和分泌物所製成的，能抑制對人體不好的甲醛輻射，能將新家具症候群、化學木材的傷害減到最小。蟲膠漆也是屬於環保產品的收尾材料，但它的缺點，是遇熱功能會變弱，因此不適合用於廚房家具的塗裝。

　　蟲膠漆基本上要塗2～3次。塗敷時用刷子或碎布，盡量塗薄一點，輕輕掃過1次即可。依我個人的經驗，用碎布會比用刷子收尾收得更乾淨些。

▲用蟲膠漆收尾的牆角櫃

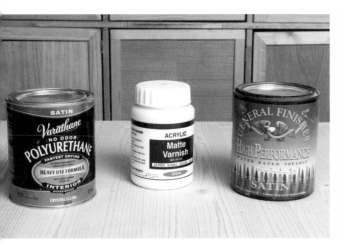

▲罩光漆

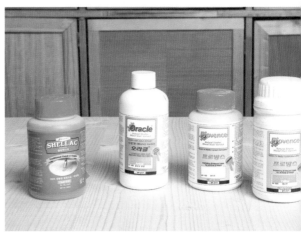

▲蟲膠漆

▲收尾工具排排站

收尾工具——海綿、刷子、碎布

收尾工具有海綿、刷子、碎布等，最近出產的超細纖維抹布也很好用。購買油或油漆等物品時，容器上會載明使用方法，可以知道要使用何種收尾工具、需要多少乾燥時間、至少要塗敷幾次等，照著上面的指示操作就可以了。

油漆可以用刷子或用過即丟的海綿來塗，但有幾點一定要注意：用刷子塗水性油漆收尾的話，使用完後，刷子要立刻用水洗乾淨，如果等到明天再洗，刷子會變硬，想再使用時就很難用了。油性的則要用稀釋劑來洗才洗得乾淨，還有一定要確認周圍沒有易燃物，此外，更別忘了要戴手套洗。

以油或著色劑收尾時，收尾工具主要是海綿、刷子、碎布。我個人特別愛用碎布，因為完成後的家具，會有種淡淡的霧的感覺。

收尾工具——磨砂紙

磨砂紙最多使用的是＃60、＃80、＃120、＃180、＃220、＃320、＃400、＃600、＃800，當然還有很多種類，＃1,000～＃2,000的都有。前面講到的這些磨砂紙，是製作家具時最普遍使用的編號，數字越高，表面就會越細緻。那麼，磨砂紙的這些數字是什麼意思呢？這個數字是指粒度的意思。所謂的粒度，就是1吋的面積裡，所含磨砂顆粒的顆數。要將家具粗的地方磨細磨光滑，或者要消除鋸刀鋸過的痕跡時，大多是要用到磨砂紙。剛開始磨平時，使用＃80～＃120的；中間磨滑時使用＃120～＃220的；最後磨光時使用＃320或＃320以上的磨砂紙。

想用手來打磨時，因為會很費力，所以許多木工都會買電動磨砂機。如果有附電動磨砂機專用的磨砂紙，只要將磨砂紙附著在機器上就可以操作。

★用磨砂紙打磨

打磨是為了把木材的切面弄得很光滑，說得簡單點就是「用磨砂紙替木頭按摩」。經過打磨，然後用油或油漆收尾，家具就會煥然一新。打磨時，家具下方要鋪上厚厚的布或練瑜珈用的毯子，這樣家具表面才不會留下痕跡，要非常細心地處理。從這裡開始的收尾工作，都是需要精細的手工作業的。

收尾的要點之一是，不管用何種方式收

▲各種磨砂紙

▲電動磨砂機（左）和手磨砂具（右）

▲用電動磨砂機讓家具變光滑！

尾，塗裝並乾了以後，一定要用＃600以上的細磨砂紙，輕輕地打磨。這樣家具的表面才會光滑，不過，也不要過度打磨，因為表面太光滑的話，反而不容易吃油，也不容易上油漆。

　　打磨前先將記號線擦掉，如果用橡皮擦擦不掉，可以用＃80或＃120磨砂紙磨掉，很有效喔！然後，記號線都消除後，就可以開始正式打磨。依修整的狀況，可在組合前打磨，也可在組合後打磨。假如是收納箱的話，因為箱子內部不容易打磨，所以箱子內側在組合前打磨比較好。但是這裡要注意，木材接合部分不能打磨。因為木材接合部分如果也打磨，就不能完全正確地密合了。

　　打磨的時候，順著木紋的方向打磨非常重要。如果反方向的話，被表面粗粗的

磨砂紙一磨，木材表面反而會更粗糙。即使剛開始反木紋打磨，最後也要順木紋再打磨收尾1次，這樣表面才不會卡卡的。此外，為了防止木質被磨傷，在使用號數低的磨砂紙時更要特別小心，不然木材上很容易就會留下痕跡。如果打磨之後用油漆塗裝，油漆至少要塗2～3mm厚，才會確實看不見這種滑痕。

　　曲線和稜角一定要用手打磨，因為電動打磨機的速度太快，容易讓家具表面高低不平。打磨的順序是從寬的面開始，磨到角落，稜角部位最後才磨。

▶曲線或稜角用電動磨砂機容易滑掉，所以要用手來打磨。

5. 其他附件

製作家具時，除了前面提到的工具以外，還會需要木工夾、黏著劑、鉸鍊、把手、木釘、補強鐵、輪子等附件。連接木材時，會用到木工夾和黏著劑；安裝門時，會用到鉸鍊；填平螺絲釘孔時，會用到木釘；至於補強鐵則有L鐵和8字鐵片等。好好掌握附件的特徵，善加運用的話，木工技術就能更上層樓。

輔助工具──木工夾

在製作家具時，有一項絕不能少的必備工具，就是木工夾（clamp）。不知道該買什麼樣的木工夾？不知道需要多少木工夾？答案只有一句話，那就是：「越多越好。」最基本的在組合箱子時，木工夾最少會用到4～8個。即使是在用螺絲釘連接木材時，也要先用木工夾固定，讓木材間沒有縫隙再釘螺絲釘。對組合家具經驗不豐富的初學者來說，木工夾絕對少不了。剛開始做家具時，難免會犯各式各樣的錯誤，為防止難以挽救的狀況發生，就要靠木工夾了。

木工夾的種類繁多，價格也是天差地別。知名品牌的木工夾可能甚至要好幾千塊，曾買過木工夾的人，八成都曾為這誇張的價差咋舌吧！但也不是說一定只要買高價位的產品，依自己主要製作的產品大小租借

▼木工夾家族到齊囉！

▲用木工夾固定木材，螺絲釘更好釘。

▲用木工夾好好地固定住，木材之間就不會有縫隙。

木工夾也可以，價格不是最主要的考量，最重要的是看自己的使用狀況。

購買木工夾可不能買剛剛好的喔，舉例來說，要製作400mm左右的家具的話，是不是就要買長度剛好是400mm的木工夾呢？不是，至少要買450mm的。也就是說，要買比所製作家具的尺寸，至少再大1吋以上的木工夾才可以。

輔助工具──黏著劑

黏著劑非常重要，它扮演了固定並連接木材的角色。一般來說，業餘興趣製作木工時，時常用到的黏著劑品牌有：Titebond、Gorilla、Pattex等。

除了這些品牌之外，一般木友，甚至是木作師傅，最常用的黏著劑其實是強力膠和白膠。白膠的成本比較便宜，大約20～30分鐘就可以完成接合，配合釘槍會更穩固；強力膠則需要1～2小時，不過黏性很強，可不需要搭配釘子。至於要使用哪一種黏著劑，則看個人的喜好。

在木材上塗黏著劑時，2片木材都一定要塗上黏著劑。一邊稍微浸點水後再塗黏著劑，另一邊直接塗黏著劑，黏合力會更強。而且，有很多木頭要黏合時，難免會不小心黏錯，這時候好在有沾點水，在完全乾燥前，還可以直接調整過來。家具黏合後再上木工夾的話，黏著劑會從附件的縫隙中流出，這時可用濕毛巾直接將黏著劑擦掉，如果不趁這時候擦掉，等乾了以後再用鑿刀或刮刀去除，會比較麻煩。

如果擔心黏著劑含有有害成分的話，現在市面上有很多環保產品，選擇有環保標章的產品吧！

強力膠

韓國OKONG205黏膠（可上網訂購）

太棒膠（Titebond）

床頭鉸鍊

EZ鉸鍊

西德鉸鍊

蝴蝶鉸鍊

蝴蝶鉸鍊

暗鉸鍊

▲附在外側的鉸鍊（左）和附在內側的鉸鍊（右）

輔助工具——鉸鍊

　　鉸鍊有平鉸鍊、暗鉸鍊、床頭鉸鍊、鋼琴鉸鍊、蝴蝶鉸鍊、自由鉸鍊、EZ鉸鍊、天地鉸鍊、地鉸鍊、旗型鉸鍊等，種類繁多。製作家具時要用哪一種鉸鍊，在設計的時候就要決定好了。要安在門的內側還是門的外側，要用大的還是小的，依情況不同，選用的鉸鍊種類就會不同。另外，安裝的鉸鍊是否具有設計感，家具外形給人的感覺也會不一樣。

　　在選擇鉸鍊時，濕度高的地方最好選用不鏽鋼材質的鉸鍊。經過各種表面處理的黃銅鋼和不銹鋼不僅不易腐蝕，外觀也較華麗好看。那如果用鉸鍊安裝門的話，要用幾個鉸鍊呢？基本上，門的高度在500mm以下的話，用2個鉸鍊；1,500～2,300mm用3個；3,000mm以上用4個。

輔助工具——把手

　　把手的造型很多，在不同的場合還得因應氣氛安裝不同樣式的把手，實在很令人頭大。所以，最簡單的方式就是：自己動手做個木把手吧！決定用木把手時，就也要決定，固定把手的螺絲釘洞要有幾個了。一般都是1、2個，當然更多的也有。市售的把手螺絲釘的間隔都已規格化，參考這個來安裝比較好。基本的間隔有：16mm、32mm、64mm、128mm、160mm、192mm、224mm這些。

　　把手不是按普通家具用和水槽用來分的，而是要符合門的長度，來安裝的。購買把手時，要先檢查門的厚度，因為要依門的厚度，來決定螺絲釘的長度。

▲左手按住把手，右手拿電鑽裝上把手。

▼把手一族

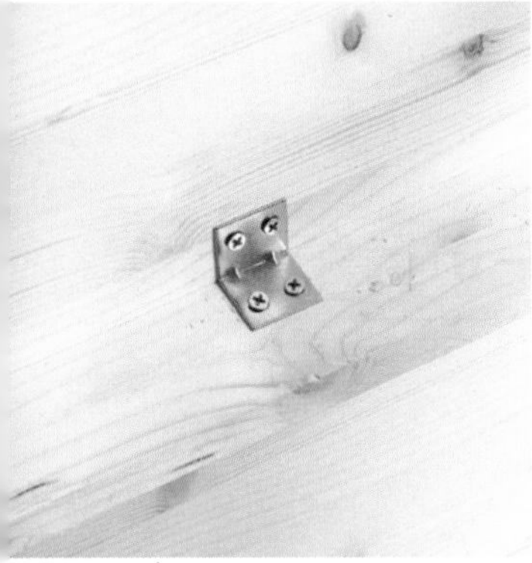

角落處要補強時，要用角落折鎖鐵；加強腿部連接時，也有角落金屬鐵片。

輔助工具——補強鐵

補強鐵是把木材和木材連接起來的附件。如果是要製作床的話，另外有專用的連接附屬鐵。製作書桌的話，也有專門用來連接腿部框架和上板的8字鐵片或Z鐵片。

輔助工具——木釘

釘螺絲釘時會留下多餘的空間，木釘就扮演了填補這空間的角色。木釘時常被叫做「木心」。木材和木材間的連接，也會利用到木釘。木釘最多被使用的是直徑8mm和10mm這兩種。利用螺絲釘製作家具時，木釘也是一定要具備的附材。要用木釘作完善的收尾，家具的完成度才高。

★用木釘補螺絲釘的空洞

用電鑽釘螺絲釘會留下一個很醜的凹洞。想要把這個洞補起來的話，將螺絲釘上方的這個凹洞塗上黏著劑，釘上木釘，等黏著劑乾了以後，再

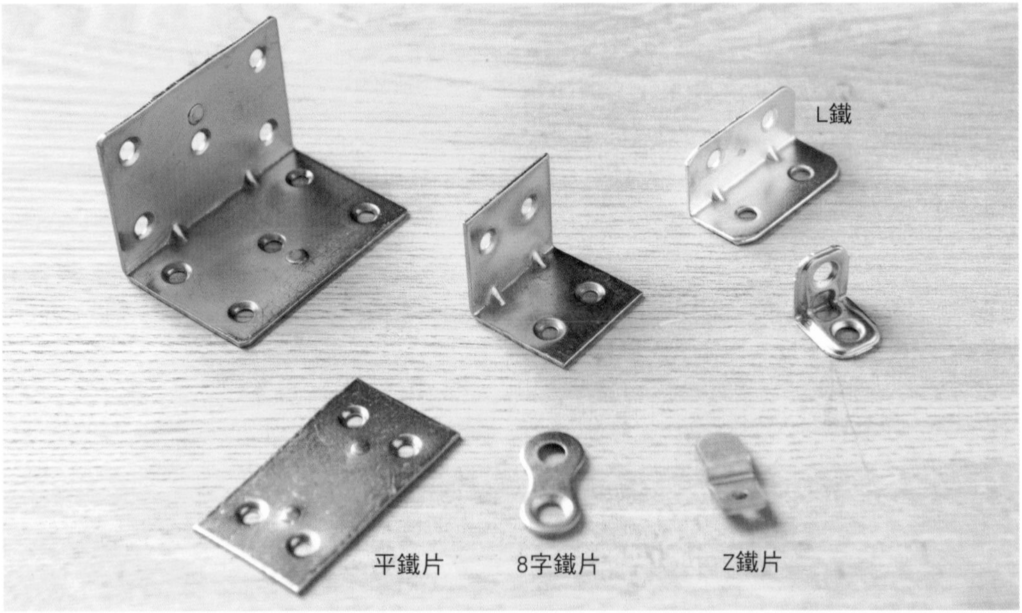

用切齊鋸把凸出的木釘割除即可。只是，就算把洞補起來，還是看得到木釘的痕跡，所以盡量不要在明顯的地方釘螺絲釘，這點在設計的時候就要考慮到了喔！

木釘依直徑有6mm、8mm、9mm、10mm、12mm、16mm等。長度基本上是直徑的4倍最理想，不過市售大致上都是5的倍數。常備款有6mm×20mm、6mm×25mm、6mm×30mm、8mm×30mm、8 mm×35 mm、9 mm×35 mm、10 mm×25 mm、10 mm×40 mm、12 mm×45 mm、12 mm×50 mm。

木釘很容易買到，但也可以自己動手做。雖然自己動手做是要麻煩一點，不過市售的木釘不見得可以滿足自己的需求。要連接兩片無法鑿出釘螺絲釘的洞的厚木材時，這時就要用記號圖釘在木材上作記號，然後在記號處釘上木釘，用木釘連接。以木釘連接，還有不會留下螺絲釘痕跡的好處，更提高家具的完成度，而且木材的接合力也比螺絲釘強，這些都是木釘的優點。

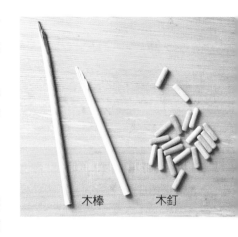

木棒　　　　木釘

1	2	3
4	5	

▲ 1.釘螺絲釘的話會留下空洞。
2.塗上黏著劑，放入木釘。
3.用鎚子將木釘敲入。
4.乾了以後，用切齊鋸將凸出的木釘切除。
5.將木釘的位置打磨一下。

1	2	3
4	5	6
	7	

▲ 1.在木材上釘木釘的位置，用自動鉛筆作上記號。
2.將木釘的深度，用透明膠帶固定在鑽頭上作記號。
3.用電鑽在木材上鑽洞。
4.在木材上釘上記號圖釘。
5.將釘上記號圖釘的木材，對到另一塊木材上，標示出木釘的位置。
6.在木材洞中塗黏著劑，釘上木釘。
7.利用木釘將兩塊木材連接起來。

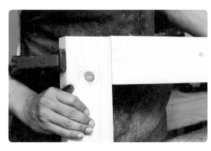

木作工具哪裡買？透過網路真簡單！

倉禾工具屋
網址 http://www.cabinhouse8.com.tw/

大司細木工
網址 http://www.dastool.com.tw/index.php

鹿港司的木工世界
網址 http://tw.myblog.yahoo.com/taren@kimo.com

特力屋
網址 http://www.i-house.com.tw/

特力和樂
網址 http://www.hola.com.tw/

南方工具一號店
網址 http://www.nanfang-tools.com.tw/
product_menu.php

小鹿木工鄉村傢具訂作
網址 http://www.wretch.cc/blog/
deer3610&category_id=6765578

金宏軒有限公司
網址 http://www.jfh.com.tw/products.
asp?m=13&s=68

建成工具
網址 http://jctool.com.tw/index.aspx

正宗五金木工雕刻
網址 http://class.ruten.com.tw/user/index00.
php?s=8686max

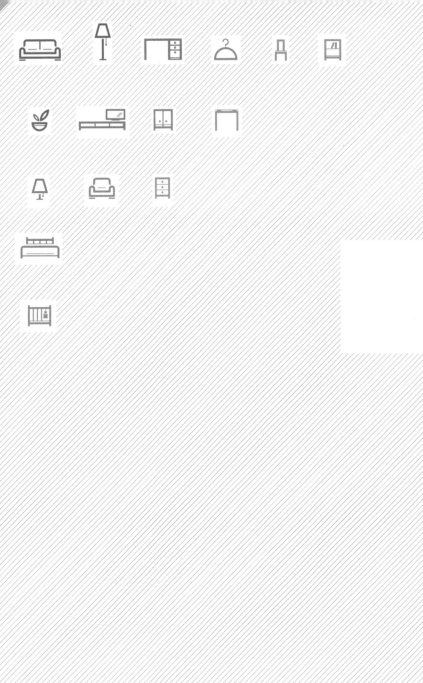

Part 4

環 保 家 具 D I Y
── 家 具 製 作 過 程

開工囉！

這本書，是寫給從來沒做過家具的初學者，從最簡單、基本的「收納箱」，到難度較高的「附抽屜的書桌」，按難易程度介紹製作家具的方法。在正式開始製作家具前，必須先熟知一些必備重點，再進入實做，對順利完成製作會更有幫助。

算出木材量

$$\underset{\text{寬和長}}{\underline{300mm \times 200mm}} \times \underset{\text{厚度}}{\underline{18mm}} \times \underset{\text{個數}}{\underline{2ea}}$$

確認尺寸

就算是訂購裁切好的木材，難免會發生錯誤，也還是需要人去切割。如果在組合的過程中，才發現木材的尺寸有問題，想救也來不及。所以拿到木材後，要以結構圖為準，確認每一件材料是不是裁切正確。如果發現裁切錯誤，立刻聯絡商家換貨；如果不能更換，就得自己鋸成正確的尺寸了。

編號和作記號

確認過木材的尺寸後，要給每一件材料編號，就算材料很少也不能偷懶，一定要把每一塊木材都寫上標號才行。尤其是要連接在一起的木材，千萬不要忘了在連接處也要寫上編號。在木材上作記號是為了組合方便，省得到時候還要東找西找的浪費時間。編號要以結構圖的「木材量表」為準。

木材都作上記號後，各木材釘螺絲釘的地方、連接處等也都要作上記號。作記號一般都是用0.5mm的自動鉛筆，不過因為木材纖維的關係，有可能會畫歪，但記號直接關係到家具的完成度，畫時要更加注意。線畫錯的話，木材的銜接就會較鬆散。雖然在收尾時可以補強，但那也只是讓家具本身的縫隙看不見而已。想要製作完成度高的家具的話，一定要仔細地做好每一個步驟。

1.收納箱

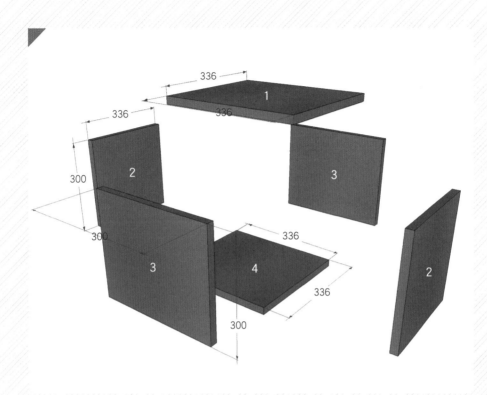

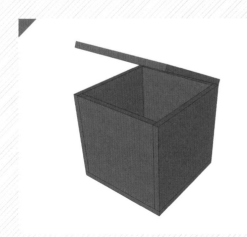

算出木材量

1.蓋子336x336x18x1ea
2.側板336x300x18x2ea
3.前後板300x300x18x2ea
4.底板336x336x18x1ea

附件
螺絲釘（3x15mm、3x38mm）
木釘（8x40mm）
蝴蝶鉸鍊2個

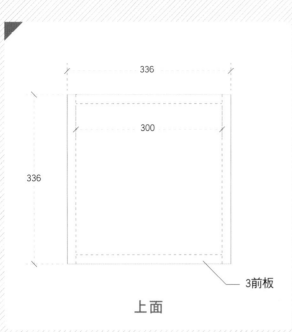

3前板

上面

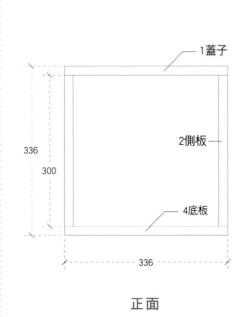

1蓋子

2側板

4底板

正面

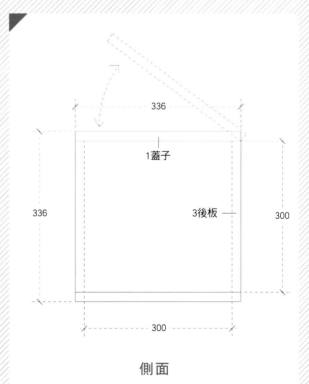

1蓋子

3後板

側面

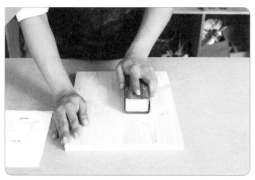

1.收納箱內側日後打磨修整較困難，所以在組合前，要先用＃220磨砂紙打磨好。

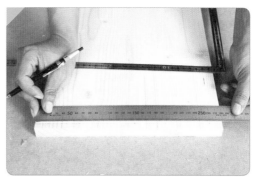

2.用自動鉛筆，在木材上釘螺絲釘的地方作上記號。

3.前板和側板塗上黏著劑（塗黏著劑時，原則上兩面都要塗），釘上3個38mm的螺絲釘。

4.用螺絲釘把剩下的木材連接起來，四方形箱子就完成了。在釘螺絲釘前，用木工夾將木材固定住，操作起來會較方便。

5.將底板用螺絲釘釘起來，完成收納箱的本體。

蓋子

補強材

4.收納箱的蓋子，不要塗黏著劑，直接用螺絲釘釘上補強材。木材會隨季節收縮膨脹，所以不要用黏著劑固定比較好。

7.在要鑲把手的地方，用鑿刀挖出溝槽。

8.用自動鉛筆，在蓋子和箱子本體鑲鉸鍊的地方作上記號。

9.在要鑲鉸鍊的地方，用鑿刀挖出溝槽。

10. 在收納箱本體和蓋子上鑲上鉸鍊。用3×15mm的螺絲釘固定鉸鍊。

鉸鍊裝好囉！

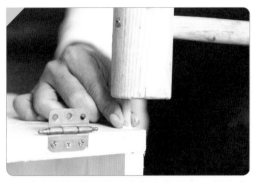

11.在釘過螺絲釘的地方塗上黏著劑，放上木
　　釘，用木槌輕搥。

12.黏著劑乾了以後，用切齊鋸將凸出的木釘
　　削掉。

13.鉸鍊螺絲釘釘一側即可，比較方便打磨跟
　　上漆。讓蓋子和本體分離，收納箱外側用
　　＃220磨砂紙修整。

14.按外側底板、內側底板的順序，塗上磚紅
　　色牛奶漆。

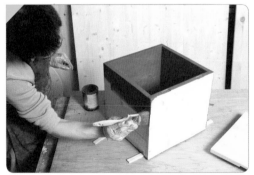

15.塗完箱子內側，再塗外側。

16.仔細地塗蓋子。

17. 等油漆乾透，用＃600磨砂紙順著木紋的方向輕輕打磨，直到表面變光滑。再塗一遍漆（油漆最少要塗2次）。漆乾了以後，再用＃600磨砂紙輕輕打磨收尾。

 TIP

釘螺絲釘以前，一定要把木材的兩面都塗上黏著劑。
用筆刷來塗黏著劑，會比較好塗。

2.鄉村風雙層架

70　70

60
40
100
140
4

140

900
1
140

4

150
2
140
140
2

140
3
900

算出木材量

1.上板900x140x18x1ea
2.側板150x140x18x2ea
3.底板900x140x18x1ea
4.梯形木板100x140x18x2ea

附件
螺絲釘（3x15mm、3x38mm）
木釘（8x40mm）
三角環2個

上面

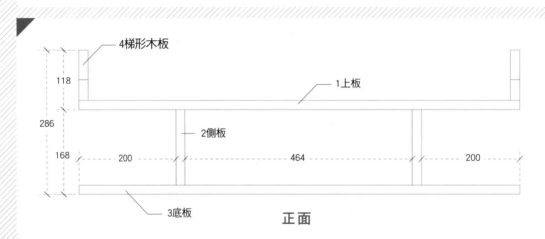

4梯形木板

1上板

2側板

286

168

200   464   200

3底板   正面

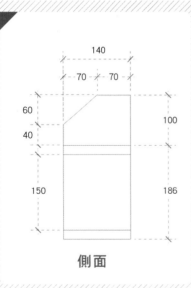

側面

1. 用自動鉛筆在木材上面要釘螺絲釘的地方作上記號。

2. 參照結構圖，切割出需要的梯形木板。

3. 在上板的末端塗上黏著劑，安上梯形木板後，釘上2個38mm螺絲釘。

4. 在連接上板和側板前，先在釘螺絲釘的地方作上記號。在上板和側板的內側塗上黏著劑，釘2個螺絲釘。

5. 將步驟4.和底板釘上螺絲釘，完成雙層架的組合。

6. 用直角尺量量看有沒有垂直。

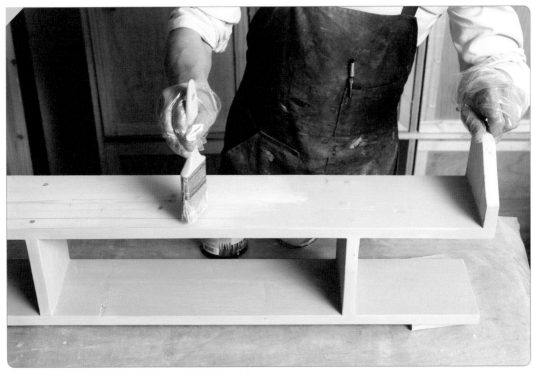

7.用＃220磨砂紙打磨，再塗上淺綠色牛奶漆。

上好底妝了

8.等油漆乾透，用＃600磨砂紙輕輕打磨，再塗一層磚紅牛奶漆。

9. 等油漆乾透，用＃600磨砂紙粗略地打磨收尾，打磨過的地方會透出底層的綠色，才能突顯出鄉村風的感覺。最後用3×15mm螺絲釘釘上2個三角環，才能將架子掛在牆上。

TIP

在塗漆之前，先放兩塊木頭當支架，把作品架高，塗過漆的地方才不會碰到桌面。

3.掛框

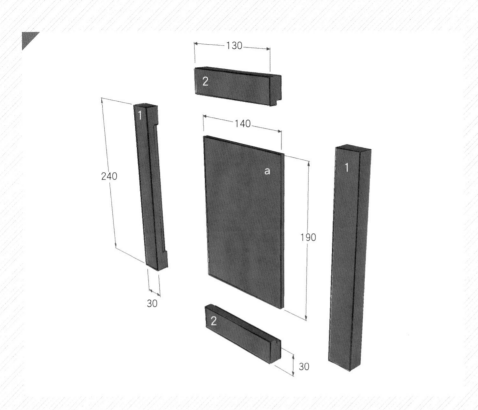

130

2

140

a

240

1

190

1

30

2

30

算出木材量

1.側板240x30x18x2ea
2.上下板130x30x18x2ea
a：後板（5mm 合板）
　　190x140x5x1ea
b.玻璃189x139x3x1ea

附件
螺絲釘（3x15mm、3x38mm）
木釘（8x40mm）
三角環1個
舌片4個

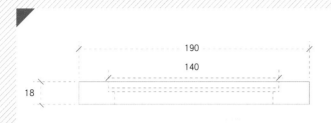

上面

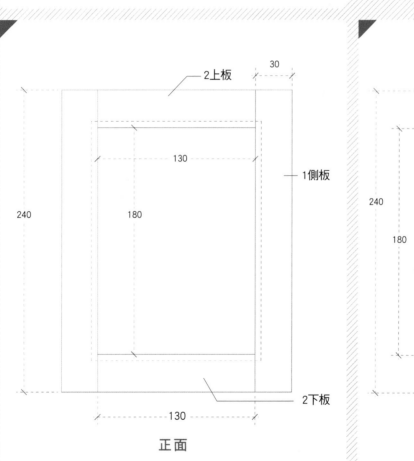

正面

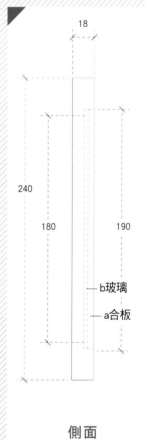

側面

1. 在要挖槽的部位用自動鉛筆作上記號，用木工修邊機挖出溝槽。

2. 用木工修邊機在掛框後側挖出深5mm、寬5mm的溝槽。

3. 在溝槽兩端用鑿刀鑿出直角。

4. 在上板和側板塗上黏著劑後，釘上3x38mm的螺絲釘，組合起來。

5.將剩下的木材也釘上螺絲釘,組合完成。

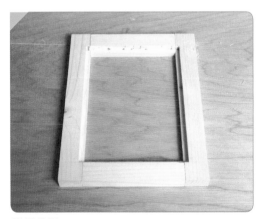

掛框後側

掛框前側和後板

6.用3x15mm螺絲釘釘上舌片。

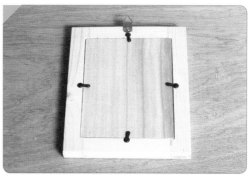

7.將玻璃和後板依序放進掛框後側,再用4個框舌片加以固定。

8.用3x15mm螺絲釘釘上三角環。

TIP

固定掛框後板的舌片在網路商店就買得到。固定舌片的時候,要選擇大小適當的螺絲釘。

4.附抽屜黑板

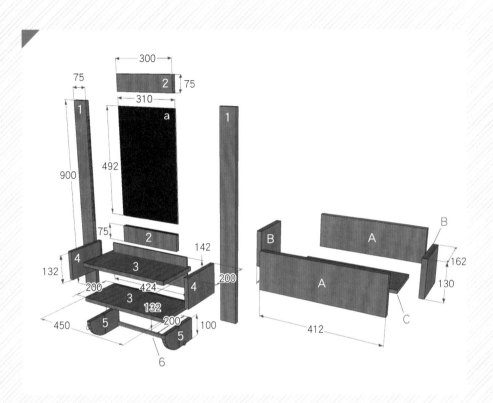

算出木材量

1.側板900x75x18x2ea
2.上下板300x75x18x2ea
3.箱子上下板450x200x18x2ea
4.箱子側板200x132x18x2ea
5.箱子補強材200x100x18x2ea
6.木棍（直徑10mm、長460mm）
a.黑板後板（合板）492x310x5x1ea
b.箱子後板（合板）424x142x5x1ea

抽屜
A.前後板412x130x18x2ea
B.側板162x130x18x2ea
C.底板376x162x18x1ea

附件
螺絲釘（3x38mm）
木釘（8x40mm）
把手1個

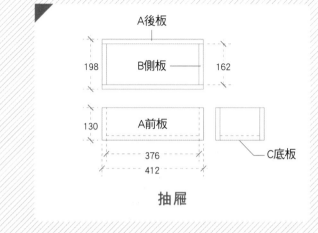

A後板

198　B側板　162

130　A前板

376
412

C底板

抽屜

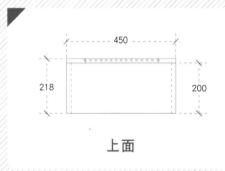

450

218　200

上面

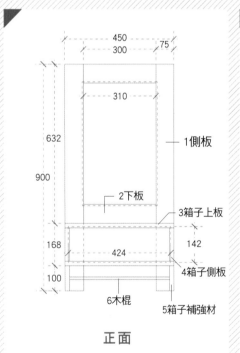

450
300　75

310

632

900

1側板

2下板

3箱子上板

168　142

424

100

6木棍

4箱子側板

5箱子補強材

正面

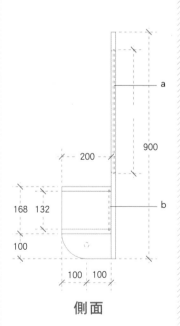

a

200　900

168　132

b

100

100　100

側面

1. 在黑板上下板、側板要釘木釘的地方作上記
號。

2. 用電鑽鑽2個深15mm的洞。在鑽頭處掛上制
動器的話，就能輕鬆地鑽出同樣深度的洞。

3. 在黑板框後側用木工修邊機挖出深5mm、寬5mm的溝槽。框的末端留5mm。

4. 在黑板的側板和上、下板挖出溝槽。鑽出嵌木釘的洞。

5. 在左側側板嵌上木釘。

6. 將側板和上板、下板，用木釘和黏著劑連接起來。

7. 將後板（合板）夾進黑板框中間。

8. 把剩下的側板連接起來，黑板框組合完成。

後板（合板）

9. 製作黑板抽屜的箱子。先在抽屜箱的上、下板，左、右板後側，用木工修邊機挖出深5mm的溝槽，留待安裝後板。

10. 在抽屜箱後側夾進5mm厚的合板。

11. 製作抽屜。看看抽屜可不可以順暢的移動。

12. 用圓規在抽屜下方的補強材上畫弧線。

13. 用線鋸機沿補強材上的記號，鋸出弧線。

14. 用木釘連接補強材和抽屜本體。這時要用橡膠槌或木槌輕輕地將補強材搥進去，才不會傷到木材。

15. 在補強材上，用電鑽鑽出直徑10mm的洞。

16. 在補強材兩側的洞中塗上黏著劑，夾進木棍。黏著劑乾了以後，用切齊鋸切除木棍凸出的部份。

17. 在黑板框和抽屜本體連接處的兩側均勻塗上黏著劑。

18. 釘螺絲釘，將黑板框和抽屜箱連接起來。

19. 抽屜箱的兩側各要釘5～6個螺絲釘。

組合完成

20.黑板漆塗3次。旁邊的木材要貼上防護貼
　　紙，以免沾到油漆。

21.因為黑板漆會浸到旁邊的木材，所以漆了
　　漆之後，防護貼紙要稍微撕開一點。

TIP

在用電鑽鑽木釘洞時，要用記號圖釘或記號夾具做
記號。雖然我自己用的是讓作業更精巧的「記號夾
具」，但因目前市面上不容易買到，所以在本書中
一律都用「記號圖釘」。

5.雙人長凳

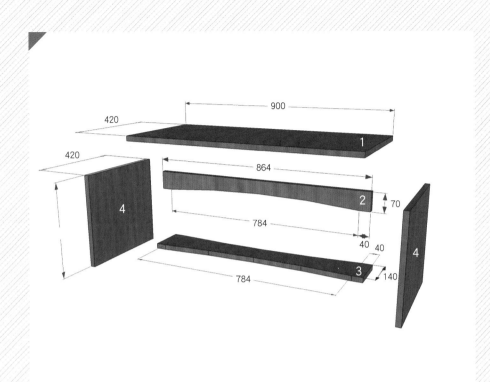

算出木材量

1.上板900x420x18x1ea
2.上板補強材
　864x70x18x1ea
3.下部補強材
　864x140x18x1ea
4.側板420x376x18x2ea

附件
螺絲釘（3x38mm）
木釘（8x40mm）

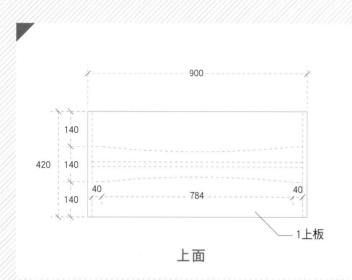

上面

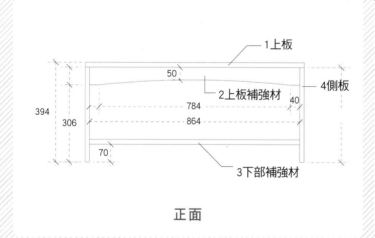

正面

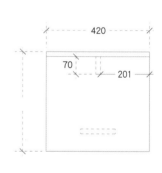

側面

1. 用自動鉛筆在側板連接上板補強材及下部補強材處做記號。

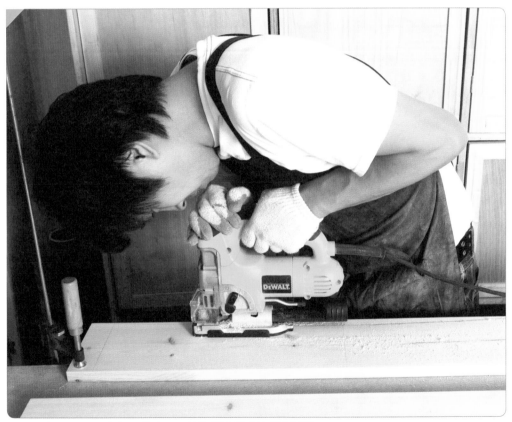

2. 在上板補強材上畫上弧線後，用線鋸機沿記號線鋸出弧線。

3.將上板補強材的切割面，用＃80磨砂紙打磨。

4.下部補強材的兩側畫上切割曲線，用線鋸機沿曲線切割，再用磨砂紙打磨。

5.在上板和側板連接的地方塗上黏著劑，釘上3個3x38mm的螺絲釘，連接起來。在距兩側末端2cm處釘螺絲釘。

6.另一側的側板也釘上螺絲釘，連接上板。

7.在上板補強材的三面塗上黏著劑，放到上板內側的中央支點上，在連接上板和側板處各釘兩組螺絲釘。別忘了確認上板補強材的位置有沒有呈直角。

8.在上板上釘4個螺絲釘固定上板補強材。

9.在下部補強材和側板塗黏著劑,釘上螺絲釘。螺絲釘要兩側一次一個對稱地釘,才能確定位置有沒有水平。

組合完成

10.從下部補強材的底面開始塗油。等油乾,用#600的磨砂紙打磨,再塗一次油。等油乾,再用磨砂紙打磨至表面光滑。

將磨砂紙貼在零碎木材上來打磨比較方便。製作家具時會產生很多零碎木材,用來當磨砂紙的輔助工具,不僅可以減少木材垃圾,又有助打磨作業,真可說是一石二鳥。

6.牆角櫃

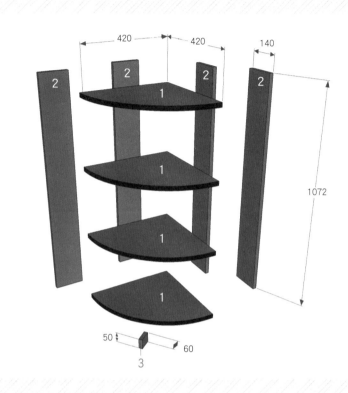

算出木材量

1.上板420x420x18x4ea
2.側板1072x140x18x4ea
3.補強腳60x50x18x1ea

附件
螺絲釘（3x38mm）
木釘（8x40mm）

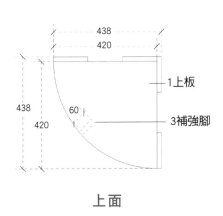

上面

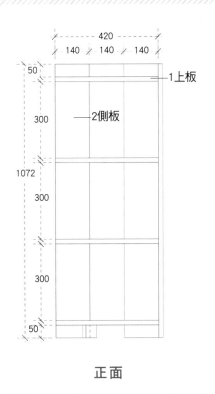

正面

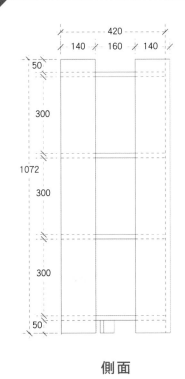

側面

1. 製作能畫半圓的夾具。切割1個500×80mm 的長方形木材，在兩側各鑽1個洞。

2. 一個洞是釘固定用的螺絲釘的地方，一個洞 是放自動鉛筆的地方。把夾具的末端放在板 材（反面）上，釘螺絲釘。

3. 利用夾具畫出半圓形。

4. 線鋸機沿著半圓線切割。弧線突出的部分，用 磨砂紙打磨至平滑。

5. 用自動鉛筆在上板和側板連接處作記號。

6. 上板和側板塗上黏著劑後，釘上螺絲釘連接 起來。

7.依序釘上4個上板。

8.用螺絲釘連接第2片側板和上板。

9.上板的直角處貼上側板,釘螺絲釘。

10.最後1片側板,依序和上板連接起來。組合
　　完成。

11.隔板放上東西後會凹陷，所以在最下方的上板底側要用螺絲釘釘上補強材。

12.漆蟲膠漆。將少許溶解液（乙醇）加進蟲膠漆中，充分混合後，用布或刷子塗在成品上。

13.等蟲膠漆乾，用＃600磨砂紙輕輕打磨，再塗一次蟲膠漆。約4～5小時等蟲膠漆乾，然後再用＃600磨砂紙輕輕打磨收尾。

7. 迷你三層抽屜櫃

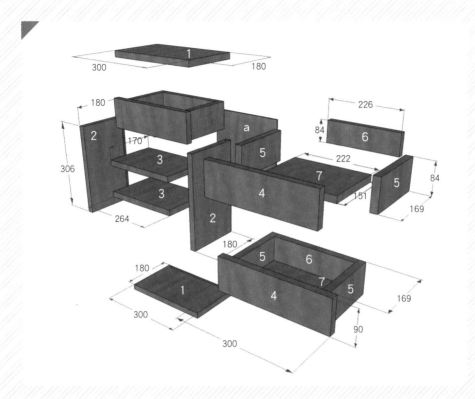

算出木材量

主體
1.上下板300x180x18x2ea
2.側板306x180x18x4ea
3.中間板264x170x18x2ea
a.後板（合板）316x274x5x1ea

抽屜
4.前板300x90x18x3ea
5.側板169x84x18x6ea
6.後板226x84x18x3ea
7.底板226x151x18x3ea

附件
螺絲釘（3x38mm）
木釘（8x40mm）
把手3個

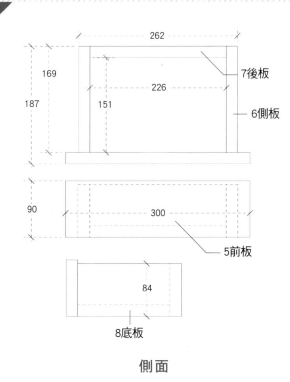

7後板
6側板
5前板
8底板

側面

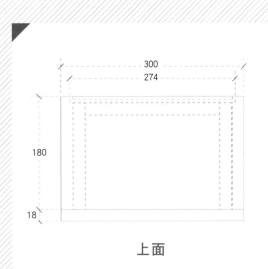

上面

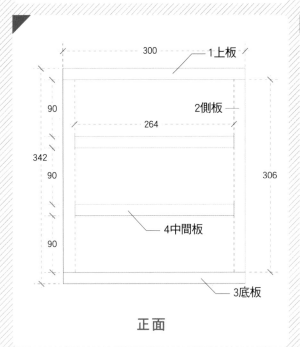

1上板
2側板
4中間板
3底板

正面

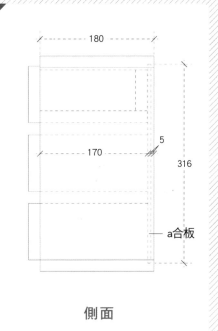

5
a合板

側面

1.木材很多，所以要一定參照結構圖確認個數和尺寸。

2.在側板和中間板連接的地方，每隔90mm作上記號，再用直角尺畫線。

3.用木工修邊機在上下板和側板挖出深5mm、寬5mm的溝槽，用來安裝合板。側板的槽一直挖到兩側末端；上下板的槽則要在兩側各留下10mm的距離。

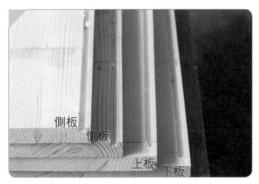

加工過的側板和上下板

4. 在要釘螺絲釘的地方作上記號。側板和中間板連接處塗上黏著劑，釘上3個3×38mm的螺絲釘。

5. 中間板依序釘上螺絲釘，組合。

6. 中間板釘上螺絲釘後，用直角尺確認是不是直角。

7. 側板和中間板全都連接起來後，另一邊的側板也塗上黏著劑釘上螺絲釘。

上板、側板和中間板都接起來了！

8. 後板（合板）順著溝槽滑進本體中。不塗黏著劑是因為合板是不受力的地方。萬一放進合板時很不順的話，稍微塗一點黏著劑將它固定起來也沒關係。

9. 底板釘上螺絲釘，完成組合。

抽屜

10. 將抽屜的側板、後板、下板釘上螺絲釘，組合起來。

11. 將組合起來的抽屜塗上黏著劑,貼上前板,釘上4個螺絲釘。用同樣的方法,組合完3個抽屜。

12. 組合完成。把抽屜放進抽屜櫃中,確認一下可不可以順暢地開關抽屜。

13. 在抽屜門以外的地方，塗上胡桃色著色劑
    。從抽屜內側到外側依序塗色。

14. 在抽屜門上塗上羅勒色牛奶漆。要事先貼上防護膠帶，以免抽屜門以外的地方沾到漆。等油漆
    乾了，用＃600磨砂紙打磨，抽屜門再塗一次漆，等油漆乾後，再打磨一次收尾。結束後，在
    抽屜門上釘上把手。

8.開放式書櫃

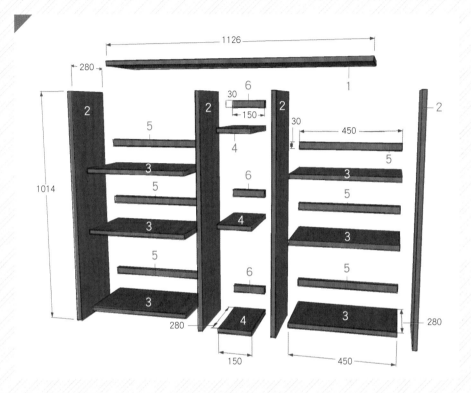

1126

280

1014

6

30

150

30

30

450

280

150

450

280

280

算出木材量

1.上板1126x280x18x1ea
2.側板1014x280x18x4ea
3.隔板450x280x18x6ea
4.中間板280x150x18x3ea
5.隔板補強材450x30x18x6ea
6.中間板補強材150x30x18x3ea

附件
螺絲釘（3x38mm）
木釘（8x40mm）

上面

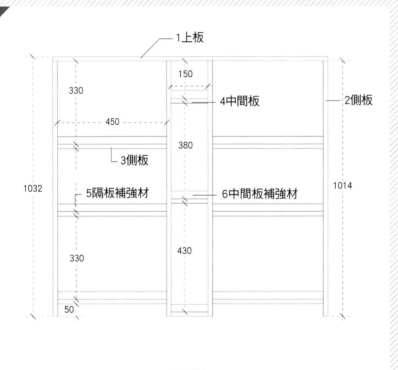

正面

側面

1. 用自動鉛筆在側板連接隔板處作上記號。因為木板長得一樣，很容易混淆，所以在連接板材的記號線上，一定要註明上、下。

2. 先組合右側書櫃。在側板上塗上黏著劑後，將3個隔板依序釘上螺絲釘，連接起來。

3. 側板和上隔板連接起來後，按中間隔板、下隔板的順序組合。

4. 右側書櫃完成後，左側的書櫃也用相同的方式組合起來。

5. 將左右側書櫃，用3個中間板連接起來。先固定好位於正中央的中間板，再按上板、下板的順序組合。

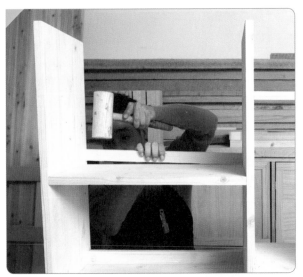

6. 將6個隔板、3個中間板後側，共9塊補強材分別塗上黏著劑，一一嵌入。補強材不容易嵌入時，用木槌輕輕地敲。

7. 用木工夾固定後，再將上板釘上螺絲釘。

8.組合完成！整體仔細打磨修整後，塗上油。

上木工夾的時候，貼上一塊零碎木材再夾比較好。因為直接夾木工夾的話，可能會在家具上留下木工夾的痕跡。

9. 微波爐收納櫃

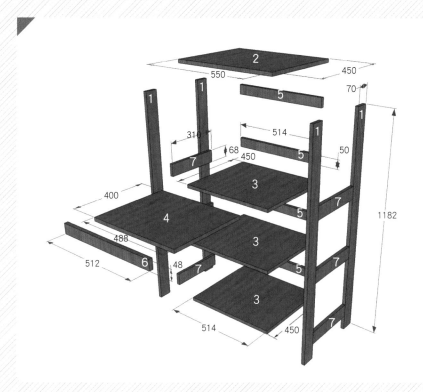

算出木材量

1.側板1182x70x18x4ea
2.上板550x450x18x3ea
3.隔板514x450x18x3ea
4.移動式隔板488x400x18x1ea
5.隔板補強材514x50x18x4ea
6.移動式隔板前板512x48x18x1ea
7.側板補強材310x68x18x6ea

附件
螺絲釘
（3x15mm、3x38mm）
木釘（8x40mm）
350mm三段式鐵軌1條

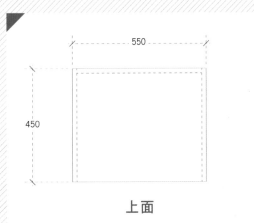

上面

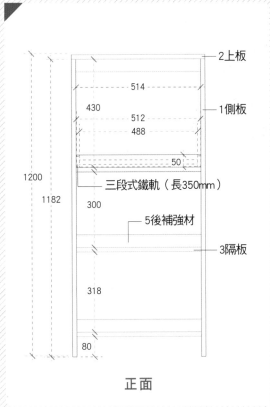

正面

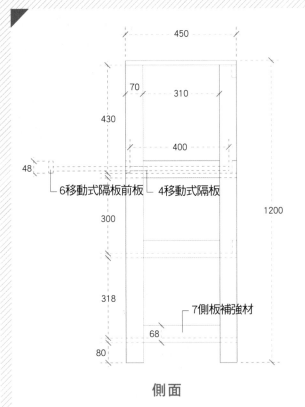

側面

1.在側板上連接補強材處作上記號，用電鑽鑽出放木釘的洞。

2.在補強材上各用木槌輕輕地搥進2個木釘。

3.將補強材依序和側板連接起來。

4.連接另一側的側板，完成右腿部分的組合工
作。組合時，要用零碎木頭貼在木材上，再
用木槌輕輕敲打，才不會留下敲痕，還要確
認是不是直角。

5.左腿部分也以同樣的方法組合完成。在黏著
劑乾以前，都要用木工夾夾著。

6. 用螺絲釘連接隔板和隔板補強材。隔板兩側要安裝軌道時,要先準備好釘螺絲釘的位置。

7. 用螺絲釘連接右側側板和最下面的隔板。

8. 剩下的2個隔板,也和右側側板連接起來。

9. 依照下、中、上的順序,用螺絲釘連接隔板和左側側板。

10.將上板放在位置上,先用螺絲釘釘上上板補強材。

11.上板釘上螺絲釘,組合完成。

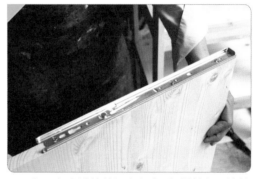

12.準備三段式鐵軌。三段式鐵軌的有多種厚度,所以掌握正確的厚度尺寸後再切割移動式隔板。本書的鐵軌厚度是13mm。

13.在三段式鐵軌的洞上釘上3個螺絲釘,連接移動式隔板。

14.釘上三段式鐵軌剩下的附件。

三段式鐵軌裝好囉!

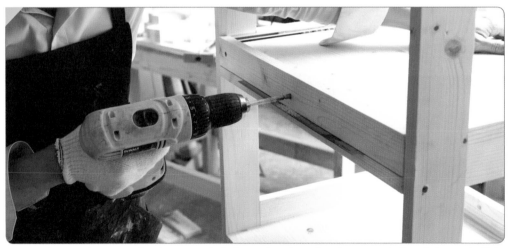

15. 在移動式隔板下方夾進一把尺,釘上移動式隔板前板。夾一把尺可以空出一些空間,這樣釘前板比較容易。而且空出一些空間,在將移動式隔板往前拉的時候也較滑順。

16.組合完成後,塗2次牛奶漆,再塗2次亮光漆收尾。

17.塗完牛奶漆後,用海綿刷輕輕地均勻地塗上亮光漆。

18.用碎布將塗過亮光漆的地方打磨過一遍,讓作品自然反射出光澤。

10.椅子

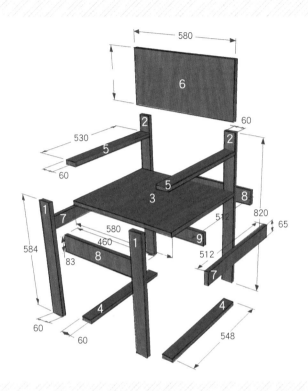

580

6

60

2

530

5

60

2

5

3

8

820

1

7

512

65

584

580

1

460

9

8

512

83

7

60

4

4

60

548

算出木材量

1.前椅腳584x60x18x2ea
2.後椅腳820x60x18x2ea
3.上板580x512x18x1ea
4.椅腳底板548x60x18x2ea
5.扶手530x60x18x2ea
6.背板580x280x18x1ea
7.椅腳側補強材512x65x18x2ea
8.上板補強材460x83x18x1ea
9.上板中間補強材544x65x18x1ea

附件
螺絲釘
（3x15mm、3x38mm）
木釘（8x40mm）
L鐵

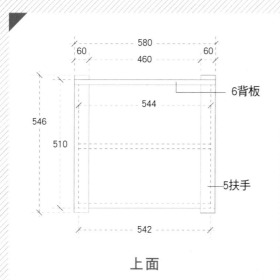

上面

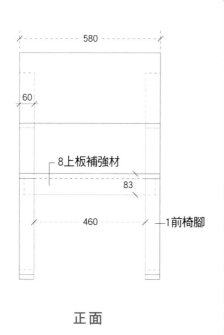

正面

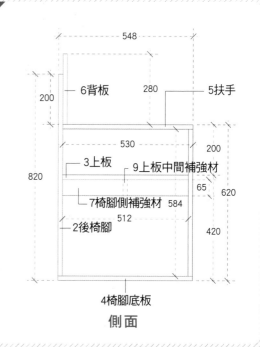

側面

1.用螺絲釘連接扶手木材和前椅腳。

補強材

椅腳

2.連接步驟1.和椅腳側補強材。

3.在步驟2.和椅腳底板連接處塗上黏著劑,用螺絲釘連接。

4.連接上後椅腳,組合完成一側。

5.以相同的方法完成另一側椅腳。

6.為了用木釘將兩側椅腳和上板補強材連接起來,用電鑽鑽出兩個洞,釘上木釘。

7.用木釘把2個椅腳側補強材跟椅腳連接。

8.在椅腳側補強材上面放上上板,釘上螺絲釘。

9.連接另一側的椅腳。將椅子立起來,2個上板補強材
　塗上黏著劑,黏在上板上。用木工夾夾緊,木材才會
　密合。

10.上板中間補強材塗上黏著劑,夾進上板下方。

11. 用螺絲釘連接椅腳側補強材和上板中間補強材。

12. 用3x15mm的螺絲釘在上板和上板中間補強材接縫處釘上L鐵。

13. 因為木材會隨著溫度熱漲冷縮,所以L鐵跟木材之間要保留1mm的空隙。

14. 對稱的釘上兩組螺絲釘,固定背板。

15. 用鉋把銳利的角刨平滑,再用磨砂紙打磨。

組合完成

11.圓桌

算出木材量

1.上板600x600x18x1ea
2.上部框架400x45x45x2ea
3.桌腳622x45x45x1ea
4.下部框架400x45x45x2ea
5.上板補強材65x65x18x4ea
6.下部補強材130x65x18x4ea

附件
螺絲釘（3x15mm、3x38mm）
木釘（8x40mm）、8字鐵片

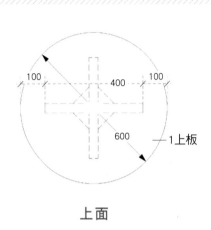

上面

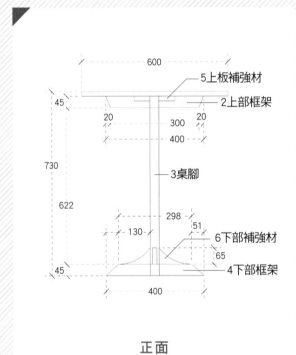

正面

1. 製作畫圓的工具。取1塊400x80mm的長方形木板，鑽2個洞。

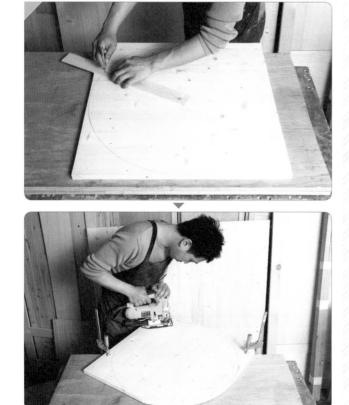

2. 在上板木材上畫出直徑600mm的圓，用線鋸機切出圓
　形。鋸的時候，預留10mm切比較安全。

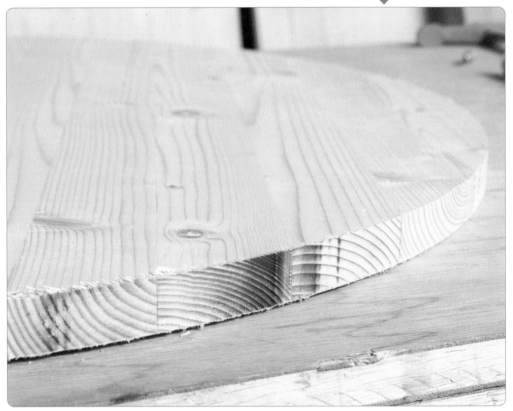

3.用線鋸機切割後，再用木工修邊機將切邊打磨至平滑。

4. 用鋸子和鑿刀在2條木條接合處挖出凹槽，深度約為木材厚度的一半，留待卡榫接合上下框架。

上部框架　　　　　　　　　　下部框架

5. 先不要塗黏著劑，進行假組合，確認看看卡榫合不合。如果鑿得不對，卡榫就接不起來，所以
　一定要先進行假組合。

6. 將上部框架4條木條的末端，和下部框架4條
　木條的末端，用鋸子切出斜線。這時的長是
　51mm。

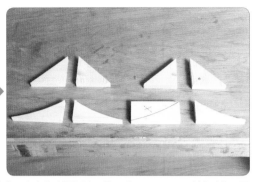

7. 取2塊45x45mm的板材，用線鋸機依對角線鋸成4塊上板補強材。取2塊130x65mm的板材，用線鋸機依對角線鋸出4塊下部補強材。

8. 上部框架背面中央釘上4個木釘，並塗上黏著劑。

桌腳

9. 用木釘連接上部框架和桌腳。

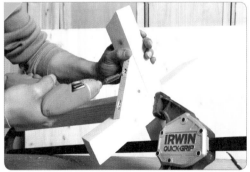

10. 上部框架塗上黏著劑，貼上補強材後，用2根螺絲釘釘起來。

11.用木工夾固定直到黏著劑乾透。

12.將11號和下部框架,用木釘連接起來。

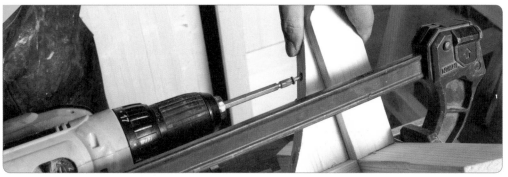

13.用2根螺絲釘連接下部框架和下部補強材。

14.用木工修邊機在上板補強材挖出4個深2mm的凹槽,釘上8字鐵片。如果沒有木工修邊機,也
　　可以用鑿刀挖。

15.先在上板下方要連接上板框架的地方作上記號。利用8字鐵片,將上板和桌腳連接起來。

16.組合完成。檢查一下桌子穩不穩。

17.在桌腳和框架上塗上胡桃色著色劑,上板塗上2次蘿勒
色牛奶漆收尾。

TIP

要做圓形桌面的話需要用到線鋸機。沒有線鋸機的
話,做成正方形的桌子也不錯。做圓形桌子的話,切
板材的時候最少要比原來的大10mm以上。如果板材
切得剛剛好,要是一不小心失手,就很難做出想要的
圓形了。用線鋸機切割上板的話,切完後還要再用#
60~#80的粗磨砂紙打磨,這樣裁切面才會平滑。最
後還要用#220以上的磨砂紙,作最後收尾的打磨。

12.附抽屜書桌

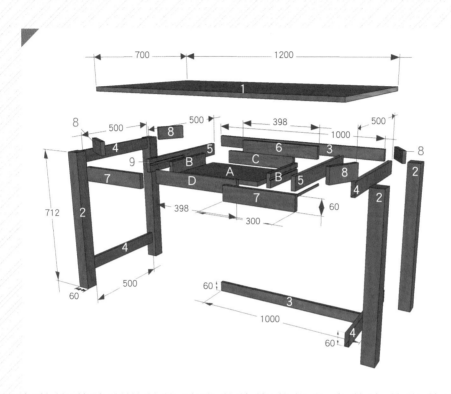

算出木材量

1.上板1,200x700x18x1ea
2.桌腳712x60x60x4ea
3.後補強材1,000x60x18x2ea
4.側補強材500x60x18x2ea
5.抽屜側補強材541x60x18x2ea
6.抽屜後補強材398x60x18x1ea
7.前補強材300x60x18x2ea
8.桌腳補強材130x60x18x4ea
9.木軌道260x8x5x2ea

抽屜
A.底板374x247x12x1ea
B.側板259x58x12x2ea
C.後板374x58x12x1ea
D.前板398x58x18x1ea

附件
螺絲釘（3x15mm、3x38mm）
木釘（8x40mm）
8字鐵片、L鐵、把手

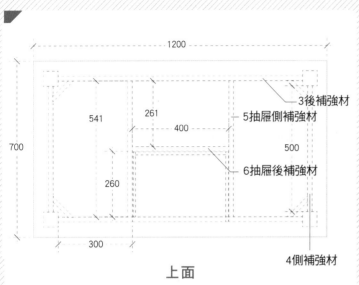

上面

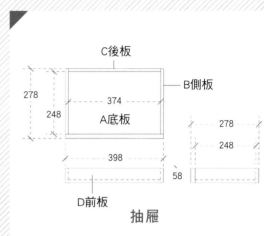

抽屜

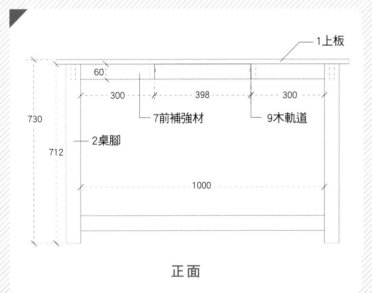

正面

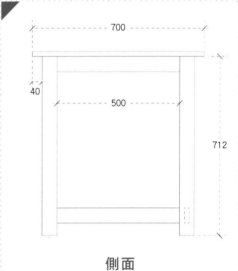

側面

1. 用自動鉛筆在桌腳和側補強材要釘木釘的地方作上記號。

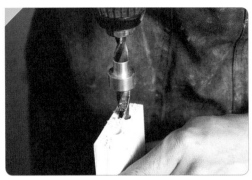

2. 用電鑽鑽出2個釘木釘的洞。利用制動器的話，比較容易鑽出同樣深度的洞。

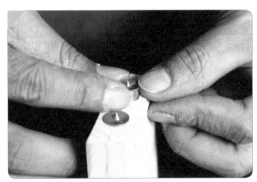

3. 把記號圖釘放進木釘洞，將對接板材壓在記號圖釘上，標示出釘木釘的位置。

4. 桌腳全部鑽好釘木釘的洞。木釘2個2個地釘進洞中，塗上黏著劑。

5. 用2個木釘連接桌腳和側補強材。

6. 對面的桌腳也釘上木釘，然後和步驟5連接，組合完成一側的桌腳。

7. 以同樣的方式組合另一側的桌腳。用直角尺確認桌腳和側補強材有沒有保持垂直。夾上木工
夾，讓材料能緊密接合。

8. 用木釘連接前補強材和抽屜側補強材。以相同的方法組合另一組。

9. 步驟8和抽屜後補強材塗上黏著劑，釘螺絲釘。

30mm

10. 將抽屜兩側的側補強材都塗上黏著劑，貼上木軌，再用木工夾夾住固定。做2個高30mm的木塊（夾具），木軌放在這兩個夾具上面的話，更容易做出直角。

11. 在桌腳的內側兩兩一組地釘上3組木釘。

12. 桌腳內側向上平放在桌上,用木釘連接後補強材和桌腳。

13. 用木釘連接步驟12和步驟10。

14. 連接步驟13和下端的後補強材。

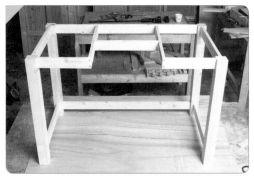

15. 用木釘連接步驟14和另一個桌腳,用木工夾固定,靜置一天等黏著劑乾透。上端的後補強材和抽屜框架塗上黏著劑後,用螺絲釘連接起來。

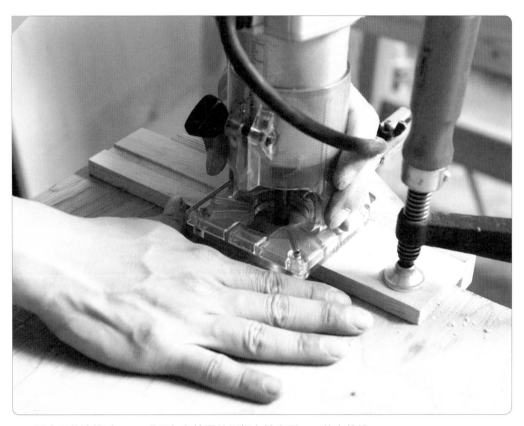

16.用木工修邊機（12mm鑽頭）在抽屜的側板上挖出深5mm的木軌槽。

17.抽屜的2塊側板挖出放木軌的凹槽。

18.製作抽屜。將製作抽屜的板材釘上螺絲釘，加以組合。

19.將桌腳補強材兩端用鋸子45度斜切,切出4個桌腳補強材。

20.用4個螺絲釘垂直釘上桌腳補強材。

21. 為安裝8字鐵片，在腿框架上，用木工修邊機挖出深2mm的凹槽。沒有木工修邊機的話，用鑿刀也可以。將上板和腿框架，用8字鐵片和L鐵連接起來。

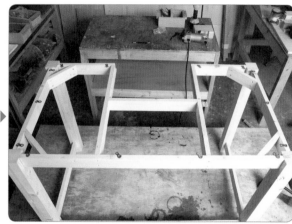

22. 用3x15mm的螺絲釘釘住14個8字鐵片。

L鐵

23. 上板內側向上平放在桌上,用3×15mm的螺絲釘釘上L鐵,只要先釘一側即可。再釘上第2個L鐵,確認上板位置正確後,將8字鐵片另一側的螺絲釘全部釘上,L鐵的另一側螺絲釘也全部釘好。

24.組合完成。確認抽屜能不能順暢地拉出。

25.整體用細磨砂紙打磨一遍,塗上油,等油乾後釘上抽屜把手。

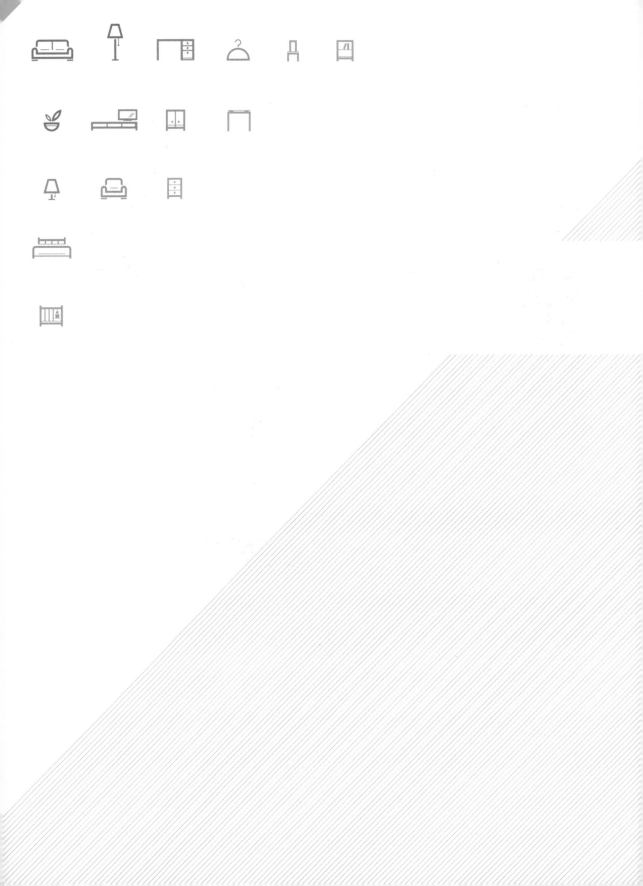

Part 5.

我 的 木 工 坊

1. 三十歲的夢想，成為家具設計師

傍徨無助的三十歲男人

「你現在做的工作是你想做的嗎？」有多少人能理直氣壯地回答「是」呢？做自己想做的工作說來簡單，其實好像意外得困難吶。有一陣子，我也是沒辦法理直氣壯地肯定回答的。但是現在，我可以比任何人都自信地回答「是」了。做自己想做的工作，能獲得超出期待很多的滿足感。不過不可否認的，在獲得滿足感之前，一定會經歷許多苦悶和錯誤。

小時候，我非常醉心於組裝模型。從小學到中學，完全沉溺於用手組裝模型。由於頻繁地搬家，現在這些東西幾乎都不見了，如果把那時做的模型聚集起來，大概可以塞滿一整棟房子吧。一下課就到住家附近的模型店報到，鋼彈、船、坦克等，整組整組地買回家，現在這些記憶還很鮮明呢。

那時候就喜歡上用手製作東西了吧。高中畢業後，經過一段傍徨的過程，終於，最後選擇專攻建築。一來是覺得學建築機會比較多，再來，當時有一部很紅的電視劇，男主角就是建築師。那帥氣的樣子，就算我是男生也忍不住憧憬啊，所以最後我選擇了建築系。不過一踏入建築系我立刻就明白，連續劇中的建築師形象是被過度包裝的，和事實的落差很大。不過既然已經選了，就暫時收拾起不如意，積極去適應吧。畢業後的第一份工作是建築設計，第二份工作是不動產仲介人，閒暇之餘也經營了一間酒吧。但是漸漸地覺得越來越累，每天我都會想：現在的生活是我想要的嗎？雖然每天都會鼓勵自己，但不知不覺間，期待卻變成了焦慮。當結果不如預期時，強大的失落感幾乎讓我喘不過氣來。那樣的生活不斷地重複，終於，我完全失去了對工作的興趣。

當然不是無藥可救，只要找到符合自己興趣的工作就可以了。但是三十幾歲的年齡，讓我沒辦法放手一搏。面臨不可知的未來，腦海裡的計畫始終沒辦法變成實際的行動。拋下一切重新開始的勇氣，會不會其實是一種輕率呢？好在我有了一次珍貴的邂逅，讓我產生了勇氣，並找到了我現在走的這條道路。

指南針女神

轉變我人生的，是幾年前交往的女朋友，是她給了我轉變的契機。說她是我人生中最重要的轉捩點也不為過。誰都希望能遇見自己心愛的人，並夢想未來能和他共組幸福的家庭。我也一樣，描繪著幸福的婚姻生活，想像著未來的自己，還有一起生活的美好。但是，不是一切都那麼光明的。當工作沒辦法適應，傍徨無助的時候，幸福的家庭什麼的根本連想都不敢想。就是從那時候開

始，「我該做什麼工作」這問題，在我腦海裡揮之不去。每天每天，想了又想。要做自己真正喜歡的工作，還要不擔心生計，同時還能保障有個安定的晚年，到底有什麼工作能夠滿足這些條件呢？最後的結論就是——家具設計。

焦急有時候是必要的

凡事在剛開始的時候，都是讓人既期待又怕受傷害的。在人生的歧路上更是如此。我花了六個月的時間投入了房屋仲介，卻一事無成，於是我下定決心，要開始正式學家具設計，而且立刻開始行動。現在回想起來，那時好像太急了。但是因為年齡這麼大了才開始，就希望學的時間能越短越好。同時，也怕再磨蹭下去，我的決心可能就消失了。那時只有一個想法：「打鐵要趁熱，既然已經下定決心了，就快開始吧！」

我急急忙忙跑到書店，只要看到有關「一個人也可以做木工」的書，就不管三七二十一地買下來。必要的工具就上網買。按照書的指示，是做出了一、兩個簡單的家具，但比較複雜一點的家具，只靠書上的說明可就做得手忙腳亂了。

當時住的地方是住商合一的社區，設備很簡陋，我在地板上鋪上報紙就開工了。鋸木材、用電鑽釘釘子、用磨砂紙打磨，木屑灰塵滿天飛，鑽的聲音還大到引起鄰居們的抗議，但我只能默默承受鄰居投來的厭惡目光。這對剛邁出第一步的人來說，是很大的打擊。

甚至連原本「親手做出新婚家具」的遠大夢想都漸漸消磨殆盡。看來自學這條路是走不下去了，於是我出去尋找有正式教授木工的工房。東找西找，也上網搜集了許多資料。為了兼顧工作，最後我選擇了一週上一次課的木工教室。剛開始因為不熟還蠻吃力的，不過很快就適應了。之後，我又去找能學到稍微再更專門一點的木工的地方。學到一定程度的木工技術後，我又花了一年的時間，再次挑戰專業的課程。上專業課程的地方，是以創業為目的的，我在那裡還學到了營運的方法，向投入專業木工的路更邁進了一步。我已經篤定，這就是我要走的路了。之前的悶悶不樂在進入專家課程後已煙消雲散，心中充滿了信心。在上第一堂課的時候，就像要和暗戀已久的人見面一樣，緊張又不安。到這時，學木工已經3年了。

▲製作這個電視收納櫃，讓我獲得了成就感和自信。

正式開始做家具

在休閒工房上課的時候，做了迷你桌子和收納櫃，之後又做了電視收納櫃。因為女友喜歡白色，配合這點搭配上當時流行的普羅旺斯風，做出了附軌道的摺疊拉門電視收納櫃。雖然設計很簡單，但因為是我們倆一起做的，所以別具意義。設計圖也是一起畫的，進行中不時地拿給她「檢查」。做出來後，要接受最親密的人的評語時，心裡特別緊張。她說：「我真的很喜歡。以後繼續努力，會做得更好。」雖然是簡單的幾句，但卻是真心的稱讚，給了我很大的力量，也是現在我能開設工房的原動力。

製作家具的每個過程都很吃力，但完成後的成就感卻是任何事物都無法比擬的。託好不容易完成的電視收納櫃之福，讓我對利用螺絲釘製作家具更有自信，並引導我朝更高難度的卡榫家具的製作前進。只用鋸子、鑿刀和鉋製作家具，並不容易，要從熟悉手工具的使用法開始。當時一個禮拜上一次課，花了一個月的時間學換鑿刀和鉋刀。最先做的是小筆筒，接著做小的隔板。

後來我離開了休閒工房，找到一間正式有開設專家班的木工教室。上過理論教學和器械（桌上鋸、鉋、自動鉋等）使用法後，就開

卡榫式座椅▼

始製作卡榫椅子。雖然是張小椅子，但卻是需要高超的木工技術的，讓我又再一次感受到了木工的魅力。我也把這個用新學的卡榫法製作的家具，再一次當作禮物送給了女友。不過很可惜的，我們後來分手了，這張椅子現在仍放在工房的一角。也有人說這張椅子很有設計感，叫我把它賣掉，不過為了珍藏和前女友的回憶，還有讓自己記住那段比任何人都熱心學習木工的時光，我還是把它留下來了。

Bravo，my life！

給了我新夢想、讓我找到自己想走的路的女友離開之後，我傍徨了一段時間，最後我從家具設計的魅力中重獲力量，並克服了悲傷。「要再繼續做些東西出來」的想法，讓我稍微忘了擔心和苦悶。就這樣，木工變成了我第三個工作。

學了好一陣子家具設計後，我開始煩惱：要不要開設自己的工房呢？還是繼續去別的工房學習，再累積更多經驗呢？猶豫了好一會兒，最後我決定還是要開設工房，就去和父母商量。他們當然是不答應，爸爸完全無法理解，幹嘛放著那麼好的工作不做，卻要去開工房？我只好轉向，從比較好說話的媽媽這邊下手，花了幾個月的時間說服了媽媽、姊姊和姊夫。

最後爸爸也答應了。我就開始為開設工房而奔走，有一天，爸爸突然生病住院了，最後就這麼陷入長眠。爸爸去世前幾個月，還不斷地為了我擔心，對此我真的深感自責。我也曾經想過，要是爸爸好不了，我是不是就該放棄木工了？

不過在猶豫不決的時候，我又想到都已經走了那麼多路了，沒辦法再回頭了；不管怎麼樣，這都是我人生最後的一次機會，一定要弄出個成果來。我在心裡不斷這樣重複叮嚀著。再加上，爸爸是允許我開工房的，他問我的話還彷彿在耳邊。他說：「人都是要做事才能活命的。但是你做的事，常常都和我期望的不同，說實在，我不太滿意。但我只問你一個問題，這件事真的是你想做的嗎？你年紀也不小了，真的要做嗎？」我衷心希望，終有一天，能讓一直擔心著我這個長子的爸爸，在遙遠的天堂看到他兒子做得很好的樣子。

在經過人生兩大難關，身心俱疲的時候，我選擇木工的心仍然沒有動搖。給原木加工、修整的工作，雖然辛苦費力，但就像這些在大自然中經歷長久歲月而逐漸長大的樹木一樣，我也決心要變成更堅強的人。而且將這樣的樹木，做成更美麗的家具，這不是件更有魅力的事嗎。能從事這樣的工作，我算是運氣相當好的了。

2. 木工坊創業史

下定決心創業了！

工坊創業比想像中還要困難。家人的反對，加上我的年紀已經不小了，這些都是很大的阻礙。本來想說結束專家的課程後，找工作會容易些，但因為年齡的關係，我找工作其實找得很吃力。再加上我是要找專門用硬木製作卡榫家具的工坊，那就更難了。就像抱著遠大的夢想開始，是件不容易的事一樣，要放棄也是件不容易的事，所以我煩悶了好一段時間，後來漸漸產生了創業的想法。一開始，反對我想法的人很多。原因大概就是我的木工經驗不多，失敗的風險也很大。不過，既然都開始了，就抱著破釜沉舟的決心闖闖看吧！

就在我為創業的事煩惱的時候，國家經濟又陷入了困難。時機不好，又沒有充裕的資金，真的很令人煩惱，但我想：「現在不開始，要到什麼時候才開始呢？」就這樣硬著頭皮創業了。現在想想，那時的我還真是只有一句話可形容，那就是「初生之犢不畏虎」吧。

木工坊不會每天都有進帳，要有訂單進來才有錢賺，這樣的困難該如何克服呢？除了節省之外也沒有別的辦法。在絕對必要的地方才支出，能省則省。這就是木工坊創業時，不能忘記的捷徑。

木工坊創業指南

從休閒木工班開始，到正式的專家教育，然後決定創業，共花了3～4年的時間。經過了無數錯誤，工坊終於在2008年12月開張了，然後一直營運到現在。從裝潢工程、買工具，一直接收到身邊的人的疑問，一個人獨自創業真的很不容易。

即使是小工作室，我也不想隨便做做，所以我寫了一份事業計畫書。因為在做木工前已經有好幾年的工作經驗，所以能參考以前的經驗有樣學樣。在事業計畫書中要有：選定位置、算出機械購置費和裝潢費用、未來工坊營運計畫等。寫計畫書還沒什麼問題，但接下來我就開始煩惱我的資本和投資費用了。和連鎖加盟商店不同，個人工坊要配合創業資金來選定位置、要抓出保證金和月租的上限、可使用多少錢來購置機械和裝潢，這些都要事先想好。沒有詳細地建立一份預算計劃書的話，很容易就會超過預算的。我自己在開設木工坊時，就因為匯率上升，而花了比預算多很多的錢。

工坊開在哪裡？

在創業時最先要考慮的要素就是地理位置。這是左右工坊未來的最大要素。工坊是要兼作教室還是只製作家具也會影響地點的選擇，木工坊本身就不可能每天都有收入，

不能奢望開設了工坊就馬上會有收入。我的工坊開張後，6個月都沒什麼進帳呢。老實說，在經濟狀況很吃緊的時候，我甚至也想過把工坊收掉。

言歸正傳，回到位置的選擇吧，我以我家為中心，希望可以在附近找到房子。因為創業資金不寬裕，我評估了一下自己的經濟狀況後，就開始在各家房仲公司尋找有沒有合適的案件。因為我想開設的是兼具教室與製作家具的工坊，所以特別注意了一下交通便利、工坊的大小和有無停車場，最後總算找到了落腳地。位在市中心，交通也滿方便的，也有停車場，開班授課空間也夠寬裕，保證金和月租也都合理，雖然不是很完美，但各方面算是相當滿意了。如果決心要創業的話，這些事項一定要仔細考慮。

購買機器及收尾材料

機械類我認為要大致分作：鉋木機、車床、集塵器等大型的機械類，和角度切斷機、圓鋸機等中小型機械類等兩種。我的工坊在購買硬木的裝備部分投資比較多，剩下的部份就買價格比較實惠的。以我的狀況來說，開設工坊的資金扣除保證金的話，有2/3都花在購置機械上了。工坊開設以後，一定還會陸續買進必要的機械或工具，這些追加費用也要考慮在內。要特別注意「挪用」的

情形，看到好的產品就想買進店裡，把原本要買必備品的有限資金先拿去用，要買的東西就得延後再買。這時自制力真的非常重要！到大賣場或透過團購來節省開銷，也是不錯的辦法。

開設工坊需要的小機械類有電鑽、餅乾榫機、桌上型圓鋸機、滾動鋸、線鋸機等；消耗品類需要電鑽頭、檸檬片、圓鋸機刀片、螺絲釘類、黏著劑類、收尾材料（油、聚氨酯、罩光漆）等。

工坊開設了以後，一定會一再地補充機械類，畢竟一開始買必要的基本配備，但是其他相關器具也很多，所以先把最重要的工具買好，等有多餘的錢再一樣一樣買齊其他機械比較好。

在買進裝備和機械類時，別忘了也要把裝潢的部分一起考慮進去。裝備要買進多少、該怎麼放，這些在裝潢施工前，就要先決定好了。

裝潢工程

一般來說，工坊大致分作木工作業空間和辦公室空間。裝潢進行的順序是：電器工程→隔間→油漆→地板工程→工作室工程→辦公室工程。

電器工程是安裝使用各機械類時需要的分電板，要盡量讓以後作業時，插上插頭後電線不會打結，好整理。為能讓許多工具能同時使用，不要忘了要多準備幾個插座。電器工程結束後，再來要做的就是隔開工作室和辦公室的隔間工程。目的是要區分出工作室和辦公室。

隔間、地板工程、油漆可以請朋友來幫忙，為了防止噪音，在隔間牆裡要放入保麗龍。在做地板工程前，牆壁塗漆要先做，才可以防止油漆掉落到地板上。

所有工程中最費力的就是地板工程了。

我的工作室地板是用聚氨酯收尾，辦公室地板則是貼一般的磁磚。在製作家具時，會有許多鋸屑掉落到地板上，工作室地板鋪聚氨酯的話，容易清掃，又能防止溼氣上升。也有人在聚氨酯上再鋪上地毯，或貼上裝飾磁磚的。在選擇地板的收尾材料時，比起哪種材料的品質比較好，要更看重個人的喜好。我在決定用聚氨酯塗妝之後，發現費用大得驚人。工作室共15坪左右，當時每坪約1萬5～2萬元。於是我無視要在地板上塗上塗劑後再塗聚氨酯收尾的標準作業程序，貪圖一時的方便，只用聚氨酯塗2次就結束收尾。現在辦公室的地板上還看得到一塊塊破損脫落的痕跡。聚氨酯乾透要一兩天的時間，這點也要考慮。為了省錢自己做地板工程，結果現在很後悔。也深深體會到不按照程序做的話，事後一定會後悔的。

工坊工程除了一定要按照程序來做以外，還有一點一定要強調：地板工程一定要做到完全水平。我的工坊因為是老房子，地板不平，差了約2cm，在設置大型機械時

就出問題了。這也是貪圖一時方便造成的結果，我只能在地板上圖黏著劑，再一張一張把油紙貼上去，讓地板保持水平。

　　這樣做了之後，所有的工程就結束了，最後一項工作就是製作工作室需要的家具，還有準備辦公室的事務機。工作室會產生許多灰塵，所以放置集塵器的空間一定要準備好。還要做作業桌，和保管工具、附材的收納櫃。保管木材的空間也要考慮到。自己一個人做的話，會花很多時間，可能的話，請周邊的人來幫忙比較好。

購買辦公室事務機

　　辦公用的事務機有電腦、印表機、傳真機等。我為了省錢，電腦就用家裡的，印表機則買列印和傳真二合一的。還需要冰箱、淨水器、微波爐等，就拿朋友不要的或買二手貨。專門做木工的工坊，總不能用質感很差的家具，看起來會很怪，所以辦公室需要的家具也要自己親手做。

木工坊創業費用結算表　　（2012年1月為基準）

項　目	費　用	備　註
工坊保證金	400,000元	
購買大機械類費用（桌上鋸、電動刨木機、帶鋸、集塵機等）	400,000元	
購買手工具和小機械類費用 （鑿刀、鉋、鋸子、角度裁切器、木工修邊機、路達、插頭、木工夾等）	300,000元	
裝潢費用（電器工程、隔間工程、油漆、地板工程）	700,000元	包含購入木材費
購買辦公室事務機及家具製作費（印表機、收納櫃、桌子、輔助桌）	55,000元	包含購入木材費
合　計	1,855,000元	

【附註】：本資料依地段、地區不同，價格會有變動，最好諮詢專業的仲介公司或是上網比價。

3. 新手工坊師父的奮鬥史

困難重重的溝通

弟弟知道我的工坊開張後過了好久都沒生意，就向我訂了家具。他剛搬去的新家需要12個收納箱，就叫我幫他做。不需要特別的設計，這樣製作起來多少有些可惜，不過我還是很爽快地答應了。簡單的家具也好，需要細心設計的家具也好，都是第一件有我的名字的家具，所以我很想做出讓弟弟和我都滿意的作品。

但是，習慣了量產家具的弟弟和我的想法很不同，我希望能挑出好木材精心製作。為了充分利用狹窄的空間，我謹慎地提出木材要用硬木，並使用可以充分展現木紋的卡榫方式製作的提案，因為這樣製作出來的家具才最好看。但是弟弟希望收納櫃上要有裝飾。如果採納弟弟的意見，那就要用軟木並用螺絲釘連接，而且要在釘螺絲釘的地方鑽個大洞，這些都是有違美觀的。這和喜歡硬木的我想法不符，但弟弟堅持要配合流行、便宜地來做，這點他一點也不讓步。幾經波折之後，雖然家具完成了，但是我的心裡總覺得不舒暢。

接下來的案子更讓我驚訝，鄰居阿姨拿著報紙，要我做和照片一模一樣的三層架。雖然只是第二張訂單，但不是親朋好友來捧場，而是真正的顧客，所以我想說一定要好好做。但又是一次慘敗。不管是看起來

多微不足道的意見不同，都要隨時溝通，花時間磨合，但是這個顧客完全無法溝通。

打了好幾通電話去請她確認設計符不符合她的要求，還打了1、2次電話請她同意在設計上稍作修改，她一律回答：「知道了，就這樣做吧！」結果成品出來後，她卻說這不是她要的設計，還說電話中她的意見不是這樣的。這讓滿懷希望開工的我失望至極，可是雖然和我的想法不同，畢竟她是顧客，沒辦法，只好將成品再作修改。後來又在電話上溝通了好幾次，她堅持她的要求，毫不讓步，根本完全無法溝通。而且，照她所要求的，原來完成的家具就要整個重做了，我氣到火一直往頭上冒。雖然我是個新手，但還是有身為一個設計者的自信。最後，我鄭重地拒絕了她的要求。

這些是對手工家具和量產家具沒有概念所引發的溝通障礙。明明說知道了，做出成品後又吵著要增增減減地修改。完全不考慮家具的用途和可以使用多久，只知道要求便宜，這些要求一直困擾著我，但是，託那件事之福，讓我變得更堅強了；我的立場越堅定，就越容易說服對方。

在教學中成長

工坊開幕後不久，我有了一個新的頭銜──「木工老師」。因為想和喜歡木工的人

一起學習、一起製作，我開設了木工教室。不論動機是什麼，只要是對自己動手做家具有興趣的人，我都想要為他們建造一個能自由享受學習樂趣的空間，不要像我一樣經歷那麼多的錯誤，跟長時間的盲目摸索。我從原本的學生角色，決心轉到指導別人的位置，這轉變並不容易。要怎麼教才能輕鬆又有趣呢？我該怎麼滿足虛心求教的他們呢？學費又要怎麼算呢？我能夠擔得起這些責任和壓力嗎？一個個問號不斷地冒出來。

我被這些煩惱糾纏，一直在行動與放棄間舉棋不定。最後，我終於還是下定決心行動了，就像創業開工坊時的我一樣，什麼也別想，為了充滿好奇心的木工愛好者們，精心打造一個「木工遊戲房」吧！

拋開那些瑣碎的問題，一切事情就解決了。至於責任和壓力的問題，就抱持著「我也是來學習的，大家互相幫忙吧」的想法吧。終於，2009年4月，我的木工教室開課了。雖然剛開始學生不多，令我有些煩惱，不過後來這些學生又再告訴他們的朋友，就這樣不斷地口耳相傳，現在已經有不錯的規模。原本什麼都不知道的他們，現在也變成了有模有樣的木工了。看著他們的成長，我自己也覺得很有成就感。能從事這種在「無」中創造出「有」的工作，是多麼令人高興啊。我和學員們仍在品嚐它層出不窮的韻味。

於是，我又再一次有了新的夢想。我想在幾年後，舉辦一場個展。

木工教室畢業展示結束後，我邊打理工坊邊想，至少每隔1、2年，一定要開個我個人的作品展示會。今年就和其他工坊長們，一起開了個「木手8人提案展」。展示會大受歡迎，甚至有報章雜誌作了特別報導，這也成為透過家具讓人與人的溝通能更加圓滑的契機。現在的我，雖然是家具設計師兼製作者了，但仍希望有一天，我自己親手設計、製作的家具能受到大家的肯定。並希望不久的將來，能誕生「禹尚延」的品牌家具。

4. 訪問工坊老師

從航空公司誕生的木工坊老師
—— 休閒人和木材工坊

1. 第一次做木工是什麼時候？

8年前我在加拿大溫哥華開設網咖，櫃檯和電腦桌是我自己做的，向DIY商店訂了木材和五金，就開始做木工了。

2. 製作家具對你來說有特殊意義嗎？

說得高格調一些，製作家具就是一種「對自己的修練」吧，是一種學習。從計畫怎麼製作、畫結構圖的瞬間開始，內心就開始猶豫要不要乾脆放棄，直接買現成的，卻又時常會慚愧地覺得，是不是哪裡還做得不夠。

3. 原來的工作是什麼？
為什麼轉行了呢？

我本來在航空公司上班，也在總公司的管理部門工作了1年。工作3年後，我想移民美國，計畫在美國親手開發一個露營場，為了作好事前準備，就決定去鑽研更高層的木工。

4. 怎麼決定創業的？

我和休閒工坊的老師談過創業，老師幫我評估了一下。還有受到woodwork cafe木工坊的前任工坊長和幾位委員的協助。

5. 介紹一下你的工坊吧。

我創業的目的，與其說是為了賺錢，應該說是想增進我個人的經驗，所以我想和到我這來學木工的人或訂製產品的人，一起努力把這裡打造成更無負擔的學習空間。雖然營運上也曾有過財務困難的時候，但透過網路接受訂製家具後，離我夢想的工坊就更靠近了一些。

6. 分享一下經營木工坊的心得吧？

在現在社會好像要有些投資概念，才能營運得很好。光是要避免赤字就很困難了，想要保有自己的風格更是難上加難。這是我主觀的看法，如果能擴大我個人及大眾對木工的認識，愉快地經營工坊的時候應該就會到來吧。

7. 工坊的主要收入來源是什麼？

工坊會員的學費、會員租借場地或工具的租借費，還有訂製家具的工資。大概就這些吧，要是還有什麼能增加收入的方法，麻煩告訴我。

8. 對木工DIY的初學者說句話吧？

「要戰勝自己內心的惡魔。」想實現腦中的點子，就要持續地努力。即使吃力，也要每個階段都不遺漏地來製作家具。如果只想找輕便容易的方法來做的話，是很難有讓人滿意的結果的。總而言之，我覺得木工可說是一種「心的修煉」啦。

9 .對想創業的後輩們說些話吧？

實際的創業費用會比原來的預算增加2倍。所以一定要準備備用基金。如果考慮貸款的話，初期會因為承受巨大的償還負擔而備感辛苦，這點要注意。

10. 一般人對手工家具最大的誤解 是什麼？

手工製作家具會比較貴，是因為還要考慮到製作者的勞動和技術，但是大部分的人看到家具都只會算材料費，卻忽略了手工費用，這讓人覺得有點無奈。

從補習班轉到木工業
──酷壇工坊

1. 第一次做木工是什麼時候？

其實我從很久以前就對木工很有興趣了。但是10年前才到DIY工房開始學做螺絲釘連接的家具，後來因為距離和費用的問題，改到住家附近的木工教室學習了2年。4年前太太懷孕時，為了孩子的健康著想，就想好好地自己製作幾件家具，於是開始正式做木工直到現在。

2. 製作家具對你來說有特殊意義嗎？

當作興趣學習的時候，是生活的活力來源。現在，它就是生活。

3. 原來的工作是什麼？ 為什麼轉行了呢？

本來和朋友兩個人共同經營補習班，後來受到「40歲的職業就是一輩子的職業」這句話的刺激，就把剩下的人生交給了木材。

4. 怎麼決定創業的？

雖然補習班經營得蠻穩定的，但卻一直很苦惱不能做自己喜歡做的事，就在這時，unique master工坊的金宏國提議要一起做做看。在眾多煩惱的盡頭，終於和想做的事情相遇了。

5. 介紹一下你的工坊吧。

酷壇工坊的目標是想成為全國最棒的工坊。不要做和別人一樣的東西，

這是我們的基本鐵律；要製作重點放在「設計」上的家具。

6. 分享一下經營木工坊的心得吧？

想開工坊製作原木家具的話，最大的問題就是場所了。因為工坊一定要有地方放機械，還要有製作家具的空間，所以地方一定要寬敞。以銷售為目的的話，就要選擇在商圈或流動人口多的地方，但要找到合適的場所不容易。而且要進入商圈的話，創業花費就會增加，在使用設備或作業的時候產生的噪音，也會讓你和周邊的關係尖銳起來。如果移到地下室，就要考慮濕氣重、粉塵多、空氣不流通的問題。所以說，選擇地點真的是既困難又重要。

7. 工坊的主要收入來源是什麼？

我們幾乎不販賣木材，主要著重在木工教育，所以主要的收入來源就是學員繳交的學費。

8. 對木工DIY的初學者說句話吧？

「多多去做吧。」還有「即使只做一件，也要好好地做。」不要受到時間的拘束、不要匆匆忙忙地趕著做，要仔仔細細地做，對初學者來說，這是最重要的。多多思考、多多考量之後再開始是最基本的。

9. 對想創業的後輩們說些話吧？

一定要作好充分的準備。我自己就是沒作準備就開始，所以遭受了很多困難。幸好一起經營的夥伴是有經驗的，所以才減少了一些施行錯誤。另外，最好一開始就決定自己的事業重點要放在哪裡，有萬全的準備，才能萬無一失。

10. 一般人對手工家具最大的誤解是什麼？

對家具的價格誤解最大。因為一般人對材料的差異不是很清楚，所以要仔細地對他們說明價格和製作工資。很多人喜歡趕流行，所以喜歡用那些使用時間短、價格便宜的家具。比較不懂得珍惜愛護可以長久使用的家具，這點滿可惜的。不過還不至於太悲觀啦，現在的觀念已經有逐漸改變的趨勢。

Hands035

從零開始學木工

作者■禹尚延

翻譯■彭尊聖

編輯■彭文怡、郭靜澄

美術完稿■鄭雅惠

行銷■呂瑞芸

企劃統籌■李橘

總編輯■莫少閒

出版者■朱雀文化事業有限公司

地址■台北市基隆路二段13-1號3樓

電話■(02)2345-3868

傳真■(02)2345-3828

劃撥帳號■19234566 朱雀文化事業有限公司

e-mail■redbook@ms26.hinet.net

網址■http://redbook.com.tw

總經銷■大和書報圖書股份有限公司（02）8990-2588

ISBN■978-986-6029-17-2

初版一刷■2012.05

■

定價■360元

出版登記■北市業字第1403號

全書圖文未經同意不得轉載

本書如有缺頁、破損、裝訂錯誤，請寄回本公司更換

國家圖書館出版品預行編目資料

從零開始學木工：基礎到專業，最詳細的工
具介紹＋環保傢具DIY／禹尚延著，彭尊聖
譯--初版.--

台北市：朱雀文化，2012（民101）
　　面；　公分. --（Hands；035）
ISBN　978-986-6029-17-2（平裝）

1.木工　2.家具製造

474.3

出版登記北市業字第1403號
全書圖文未經同意，不得轉載和翻印

About買書：

●朱雀文化圖書在北中南各書店及誠品、金石堂、何嘉仁等連鎖書店，以及博客來、讀冊、PC HOME等
網路書店均有販售，如欲購買本公司圖書，建議你直接詢問書店店員，或上網採購。如果書店已售完，
請電洽本公司。

●● 至朱雀文化網站購書（ h t t p : / / redbook.com.tw），可享85折起優惠。

●●●至郵局劃撥（戶名：朱雀文化事業有限公司，帳號19234566），掛號寄書不加郵資，4本以下無
折扣，5～9本95折，10本以上9折優惠。